尽善尽美  弗求弗迪

美迪润禾书系

我的6个情绪朋友

[意] 阿尔贝托·佩莱（Alberto Pellai）
芭芭拉·坦博里尼（Barbara Tamborini） ◎著
杨苏华 ◎译

电子工业出版社
Publishing House of Electronics Industry
北京·BEIJING

© Barbara Tamborini and Alberto Pellai
© 2019 Mondadori Libri S.p.A., Milanoù
Illustrations by Pemberley Pond
First published in Italy by Mondadori Libri S.p.A.
This Simplified Chinese edition published in arrangement with Grandi & Associati and Rightol Media（本书中文简体版权经由锐拓传媒取得，E-mail: copyright@rightol.com）

本书中文简体版专有翻译出版权由Grandi & Associati通过Rightol Media授予电子工业出版社。未经许可，不得以任何手段和形式复制或抄袭本书内容。
版权贸易合同登记号 图字：01-2022-5255

图书在版编目（CIP）数据

我的6个情绪朋友/（意）阿尔贝托·佩莱（Alberto Pellai），（意）芭芭拉·坦博里尼(Barbara Tamborini)著；杨苏华译.—北京：电子工业出版社，2023.1
（美迪润禾书系）
ISBN 978-7-121-44303-9

Ⅰ.①我… Ⅱ.①阿… ②芭… ③杨… Ⅲ.①情绪－自我控制－青少年读物 Ⅳ.①B842.6-49

中国版本图书馆CIP数据核字（2022）第170369号

责任编辑：杨　雯
印　　刷：三河市兴达印务有限公司
装　　订：三河市兴达印务有限公司
出版发行：电子工业出版社
　　　　　北京市海淀区万寿路173信箱　邮编：100036
开　　本：880×1230　1/32　印张：9.75　字数：158千字
版　　次：2023年1月第1版
印　　次：2023年1月第1次印刷
定　　价：59.00元

凡所购买电子工业出版社图书有缺损问题，请向购买书店调换。若书店售缺，请与本社发行部联系，联系及邮购电话：(010) 88254888，88258888。
质量投诉请发邮件至zlts@phei.com.cn，盗版侵权举报请发邮件至dbqq@phei.com.cn。
本书咨询联系方式：(010) 57565890，meidipub@phei.com.cn。

目 录

前 言 IX

测试马上开始，你准备好了吗？ 001

第1章 悲 伤 015
小测试 ➡ 016
小故事 021
悲伤是什么 026
悲伤有哪些表现 030
如何应对悲伤情绪 039

第2章 恐 惧 043
小测试 ➡ 044
小故事 049
恐惧是什么 054
恐惧有哪些表现 059
如何应对恐惧情绪 078

我的 6 个情绪朋友

第 3 章 厌 恶　　　　　　　　　　081
- 小测试　　　　　　　　　　082
- 小故事　　　　　　　　　　086
- 厌恶是什么　　　　　　　　090
- 厌恶有哪些表现　　　　　　093
- 如何应对厌恶情绪　　　　　114

第 4 章 愤 怒　　　　　　　　　　119
- 小测试　　　　　　　　　　120
- 小故事　　　　　　　　　　125
- 愤怒是什么　　　　　　　　128
- 愤怒有哪些表现　　　　　　136
- 如何应对愤怒情绪　　　　　151

第 5 章 惊 讶　　　　　　　　　　155
- 小测试　　　　　　　　　　156
- 小故事　　　　　　　　　　161
- 惊讶是什么　　　　　　　　166
- 惊讶有哪些表现　　　　　　174
- 如何应对惊讶情绪　　　　　187

第6章 喜 悦 — 191

- 小测试 ➡ — 192
- 小故事 — 196
- 喜悦是什么 — 201
- 喜悦有哪些表现 — 208
- 如何应对喜悦情绪 — 231

爆米花与情绪 — 236

结语 — 258

致谢 — 261

参考书目 — 263

前 言

从外表到内心的旅程：
身体和大脑是如何变化的

你站在镜子前，观察着镜子里的人。你看着自己的身体，它就在那里。有时候，你像昆虫学家拿着放大镜观察昆虫那样审视自己。你看得那么仔细，镜子里的每一平方毫米都不放过。不只是你，所有人都这样做过。

这样一来，一个痘痘看起来就会像一座火山。一缕不服帖的头发也能像 8 月底海上汹涌的波浪，在你猝不及防的时候猛然袭来，把你击沉入水。

每个人都忍不住这么做过。因为我们都不约而同地认为，在镜子面前，那个用来展示给其他人看的形象似乎在某种程度上是可控的，我们可以审视它，盯住它，看它有没有什么变化。我们的身体是别人所看得到的部分；我们四处走动时，所有人关注的对象也是我们的身体。如果有什么不妥的地方，或者有什么出乎意料的东西，别人的眼光就会被吸引过来，这时，他们的手指也同样会指向我们的身体。这根指着我们的手指，有时不仅有指示作用，还会有谴责的意味。一根手指，就能把我们拖向舞台的中央，吸引周围所有人的关注。而这种关注既可以让我们快乐，也可能对我们造成伤害——很严重的伤害。

我们在镜子中所看到的形象，常常与我们心里所想象的或者我们想要成为的样子相去甚远。这就是露琪亚最近所遇到的烦心事。13岁的她身体还没有丝毫发育的迹象。与此同时，班里的其他女孩不仅蹿个儿了，而且外形上也显示出了女性的曲线。只有露琪亚依然还是小女孩的身材，这给她带来了不少困扰。她总是希望周围的人谁都不要注意到她，这种恐惧让她逐渐脱离集体，把自己孤立了起来。

外表，也即我们身体所呈现出来的外形，是我们没有办法隐藏的。这是所有人都可以看得见的部分，所以我们都小心翼翼地守护着它，有时甚至到了痴迷的程度。

可是，如果有一面镜子可以照见我们的内心会

前　言

怎么样呢？你有没有思考过，我们每天要花费多少精力来审视自己的外表，把它变成某种面具，将真实的自己以及我们内心世界所感受到的种种情绪都隐藏起来？

回想一下你上次与他人相处时感到不舒服的情况。想想你当时不得不戴上一副怎样的面具来掩饰这种不舒服的感觉。你是否曾经表面上对着别人微笑，心里却想大哭？或者想干脆立刻逃掉？

我们的内心其他人没有办法看到，但这是**我们最真实、最特别的部分**。每个人的独特之处正体现在这里。它超越了可以看得见的画面，一直在跟我们对话，赋予了我们丰富的思想和充沛的情感。有时，它让我们感到心花怒放；有时，它又让我们心灰意冷。然而当我们站在镜子前时，这一切的波澜都是看不到的。因为人的内心只能被感受，然后与他人分享。但是把自己内心的东西展示给别人看并不容易，有时甚至连展示给自己看都很难。有多少次，我们戴起耳机，任由耳朵里的声音将我们带向另一个世界，仿佛只有专注于外部的声音，才能掩盖内心震耳欲聋的呼啸声，不是吗？有多少次，我们坐在电脑屏幕前，几分钟、几小时，仿佛只有通过不断浏览眼前的图片和文字，才能填补内心深不见底的黑洞，不是吗？想要将"外"与"内"这两个元素建立起联系，在它们之间找到平衡与和谐，着实不是件容易的事情，尤其对于前青春期和青春期的孩子来说，更是难上加难。外表似乎总是占据上风，持续不断地吸引着我们的关注。相比于霸道地刷存在感的外表，内心世界则看不见踪影。它是什么？是怎么样的？在哪里？你能回答得出这些问题吗？几千年来，哲学家们一直在孜孜不倦地追寻答案。他们试图定义我们的内心世界本质上是一种什么样的东西，它由哪些部分构成，以怎样的方式支配着我们生活的方方面面。围绕着"灵魂"的概念，哲学家们论述的文字多达上千万页，针对"思想"的定义，人们花费的笔墨也只多不少。

在这本书中，我们要讨论的不是灵魂，而是人的头脑及其功能：在成长的道路上和在与父母的相处过程中，它如何助我们一臂之力？或者又如何沦为我们的绊脚石？我们应如何处理跟朋友、同学或心仪的对象之间的问题？

这类问题就算你没有亲身经历过，至少也近距

前 言

离地看到过。比如，你最好的朋友曾经向你倾诉他所遇到的复杂情况，你愣在那里，一时语塞，不知道该给他什么样的建议。生活的列车有时会突然失控，驶入我们想象不到的境地。有时，现实生活比情节跌宕起伏的电影还要错综复杂。对于如此复杂、如此具有挑战性的生活试题，不论是谁，手里都没有现成的答案。因此，从这个意义上来说，你面前的这本书或许是有用武之地的。如果感觉读不下去，你随时都可以将它弃置一旁，但是你同样也可以选择坚持读到最后一页。你可以将它看作一张描述思维工作原理的地图，根据自己的兴趣，自由地选择走哪一条路。对于跟你的需求关系不大的内容，你可以直接跳过；而对于能最大限度地解决你的疑问的部分，你可以停下来仔细地研读。你会发现，探索大脑的工作机制，了解怎么做才能让青春尽情绽放光彩、将生活调整到最佳状态并且实现自己的价值，这其实是一件非常有意思的事情。

成年人也曾从青春里走过，他们也清楚地知道，有时候生活就像疾风骤雨，毫不留情地拍打在我们身上，"不幸的事件"接踵而至，每一件都与你的预期和愿望完全相反，让你遍体鳞伤。可是，长大以后，他们似乎就失忆了，看到孩子或学生痛苦不堪，他们却轻描淡写地付之一笑，仿佛在说："知足吧，你还想怎样？"青春期的痛苦他们明明也经历过，但是这段经历却在他们的情感记忆里寻不到一丝痕迹（或者他们假装如此）。

本书的每一章中所探讨的都是非常普遍和常见的问题，然而，毫无疑问，对于身处其中的你来说，每个问题都是不容忽视的大事。如果事情没有发生在你的身上，你可能会说"放轻松些，一切都会好起来的"，或者"都会过去的"，又或者"总会有解决的办法的"。可是对处于"暴风眼"中的人来说，困境如同一张铺天盖地的网，将他的身体与心灵全都裹挟在其中，在这种绝对的苦难面前，其余的一切都显得不重要了。

然而，有时候，大人们也会被青少年在面对某段关系时所展现出来的顽强与坚毅所震惊。电影《我和厄尔以及将死的女孩》就是一个很好的例子。

▶ → 主人公高中生格雷戈（Greg）的少年时代如同回转滑雪般精彩。一直以来，他的目标都是做一

前言

个"小透明",不论遇到什么事、什么人,他都选择"潜水"。就这样,默默无闻的他迎来了高中的最后一年。现实生活常常出其不意,有时带来惊喜,有时带来意外,格雷戈小心翼翼地蜷缩在自己的世界里,保护自己的生活不受任何外来的事件打扰。

他就像一只完美的变色龙,每次都能成功地伪装和隐藏起来,直到有一天,格雷戈的妈妈迫使他走出自己孤僻的世界,去跟罹患白血病的同学蕾切尔(Rachel)交朋友。跟往常一样,格雷戈又想拿出他那一贯的冷漠和事不关己的态度来敷衍了事。然而,奇妙的事情发生了。格雷戈走进了蕾切尔的生活,在他十几年的人生中,格雷戈第一次意识到,面对他人的遭遇,自己不能袖手旁观。真实的生活摆在面前,他不能像看电影一样,舒舒服服地坐在沙发上观看。他与蕾切尔的友谊日渐加深,更重要的是,这份真挚的感情让格雷戈的内心世界萌生了越来越多新的体验和意义。蕾切尔靠着有限的治疗手段跟致命的顽疾不断地抗争,她的生命在这一轮又一轮的对抗中摇摇欲坠。困惑、疑问、思虑和复杂的情感在格雷戈的心头挥之不去,这让他的身份似乎也发生了转变,他感觉自己不再是一个无忧无虑的学生，而是守护在一位生死未卜的年轻女孩身边的男子汉。

银幕前的每位观众都意识到，与蕾切尔的相识虽然扰乱了格雷戈的生活，给他的人生带来了戏剧性的变化，但是也拯救了他，让他获得了真正的成长，带领他找到正确的大门，步入生活的殿堂。在遇到蕾切尔之前，格雷戈每天所做的所有努力都是为了避开一切可能激起消极情绪的事情，他以"请勿打扰"为黄金准则为自己构筑起铜墙铁壁，仿佛生活可以采取酒店里的规则来统一管理，只需要在房间外面的门把手上挂个牌子，就不会有任何人来打扰。然而，自从蕾切尔闯入他的生活，面对所发生的种种事情，格雷戈再也没有办法置身事外了。他必须直面挑战。

正如蕾切尔和格雷戈所经历的那样，"生活"这位玩家在出牌时总是任意甚至任性的。有时候，它如疾风骤雨，劈头盖脸地朝你扑过来，你的脸颊、心脏甚至肚子都被打得生疼，你只能愣在原地，任由命运摆布；也有的时候，它轻柔得如同在树叶间穿梭的微风，你似乎都感受不到它的存在，但是如果闭上眼睛，你就会听到它拂过树枝时的窸窸窣窣，会感觉到

前　言

它从皮肤上轻轻掠过的清凉。重要的是你必须用心关注，集中精力，培养自己对生活的感知能力。你的身边每天都有那么多的事情发生，你要做的不是冷眼旁观，而是在内心构筑起属于你自己的叙事体系，将发生在外部的事情，按照你自己的方式，转变成自己的东西——专属于你的，独一无二的东西。

选择了将外部的某件事物纳入自己的内心世界，就意味着允许它给你带来变化和转变，允许它带给你成长的机遇。但是这一切都有一个共同的前提，那就是你首先要**下定决心做自己生活的舵手**，将能为心路之旅指明方向的罗盘握在自己手里。

你可以观察一下周围人的处事风格。你会发现，有些人一直是活在"外部世界"的。他们只关注外表，不经过思考就鲁莽地采取行动。当犯糊涂做了傻事时，又只能用拙劣的借口为自己开脱："我真的不想把事情搞成这样。我没有想到。"

我们经常在新闻中看到，某位青少年本来只是想开个玩笑，却做出了极端的举动，不幸变成了犯罪，因为他们鲁莽的行为威胁到了他人的安全。如此处事的人很显然对自己行动的后果缺乏思考，而这很有可能是因为他们根本不具备这种能力。比如，有的年轻人夜里步行横穿高速公路，或者在朋友不知情的情况下，将他洗澡的画面拍下来公之于众……类似的事件屡见不鲜，你一定从电视新闻里听到过不少。如果当事人被卷入戏剧性的结局，相关的新闻就更容易传遍大街小巷。因此，三思而后行是非常重要的。也就是说，你对自己的所作所为要有清醒的认识。如果你对一件事负有责任，那么它的发生就不是偶然的，而是与你本人的决定息息相关的，你决定做什么、怎么做，这些都会对事情的走向产生重大的影响。正所谓"有志者，事竟成"，你只有对自己头脑里正在发生的事情有所了解，才能把生活的主动权牢牢地握在自己手里，驾着生命之舟驶向你心目中的目的地。

你有没有思考过自己的大脑究竟是如何工作的？当你被某种无法控制和调节的情绪淹没时，你的大脑都经历了什么？

为什么有时候你感觉自己思路清晰，头脑中的一切都运转得堪称完美，但是有时候却像刚刚经历了地震，乱得一塌糊涂？为什么面对有的老师你会感到很放松，被他提问时，你可以应答如流，发挥出最佳水平；相反，另一位老师提问时，你却紧张得要命，考试成绩也因此大打折扣？这些问题以及无数其他问题的答案都书写在你的大脑里，我们也正想带你去那里看看，帮助你认识大脑的结构，了解大脑内部每天都在上演哪些戏码。

大脑：一座精致的三层小楼

请你试着想象眼前有一座三层楼高的小楼。它的每一层都是独特且独立的，其功能各不相同，特定的事情只能在特定的楼层进行。不过，小楼里有一部沿垂直方向移动的电梯，可以连通三个楼层，因此，人们可以在不同的楼层之间移动，就像信息可以从大脑的一个层级移动到另一个层级。这也就意味着，发生在一楼的事情，也会对二楼和三楼产生影响。

一楼：爬行脑
生存是一项艰巨的任务！

我们先从大脑的一楼说起。从进化的角度来说，这一层对应的是我们大脑中最古老的一个区域。也就是说，我们不仅可以在位于进化层级顶端的人类的大

情绪

爬行脑

大脑

脑中看到这一结构，就连进化层级较低的爬行动物，虽然其行为能力非常有限，但是它们的大脑中也同样有这一区域。"爬行动物脑"（也叫"爬行脑"）的名称正是这么得来的，因为蟒、蛇、鳄鱼和短吻鳄等爬行动物的所有生命功能，都是由这种脑结构来调控的。这些动物连站都站不起来，只能贴着地面匍匐前行。所以也就难怪它们总要昂着头仰视其他生灵。没有第二层楼和第三层楼，它们只能待在一楼，终日与尘土为伴。

不过，我们大脑中这个"低级"的区域实际上却发挥着至关重要的作用，即**管控我们的生死存亡**。因为控制心肺功能的神经中枢以及决定心跳和心率的指挥部都在这一层级。比如，当你在跑步或进行体力劳动时，你的呼吸频率应该增加多少，这类规则就是由爬行脑制定的。生存所必需的所有基本反应，都自发地由这一层级的大脑指挥，只有这样，才能保证我们每个个体存活。

当遇到极端情况或生存受到严峻的考验时，大脑中的"电梯"就会被封锁在一楼，此时我们的一举一动全部由爬行脑控制，我们会严格遵照它的指令来行动。

媒体通过研究收视率后发现，电视观众似乎很喜欢看人们按照爬行动物的生存规则和机制来处事的片子。因此，求生类的真人秀节目不断涌现，在这类节目中，为了成为幸存者，演员们不仅要和恶劣的环境对抗，还要随时准备和周围的人无情竞争。

意大利真人秀《名人岛》（电视剧《迷失》放在这里也同样恰当）就是一个典型的例子。这档节目成功的秘密从根本上来说就在于它选取了当时最富有、生活得最舒服的一群名人，然后迫使他们与其他人一起生活。这群养尊处优的人在这里完全没有了光环，他们要想办法寻找食物，应对恶劣的天气，跟旅伴们并肩作战，但是面对紧缺的资源，这些"战友"常常反目成仇。这让我们想起那句著名的拉丁谚语"Mors tua vita mea"，即"你的死，我的生"。而这也正是我们大脑一楼的口号。有时候，爬行脑会驱使我们为生存而战，为了自己能活下来，不惜对别人造成伤害。在求生类的真人秀节目中，有人会为了从竞争者手里抢下一条几克重的小鱼，而做出非常不可思议的事情。在极端情况下，这点少得可怜的蛋白质会被我们的爬行脑识别为必须不惜一切代价抢到手的宝贝。

对我们人类来说，这一层级的大脑有时是救命稻草，有时却带来难以想象的风险。

说它是救命稻草，是因为当面对可能致命的突发意外时，爬行脑无须经过理性思考就能立即自行启动，催促我们立刻逃生，指引我们远离危险地带，寻找能受到保护的安全区域避难。爬行脑常常也是令人绝望之脑。

为什么这样说呢？你可以回忆一下2001年9月11日发生在美国的恐怖袭击事件。两架飞机径直朝着纽约曼哈顿中心地带的双子塔撞去，先造成两座摩天大楼的高处楼层起火，随后大楼轰然倒塌。撞击发生后，在高层办公的人们意识到自己已无路可逃，有些人开始从窗户跳下，虽然最后等待他们的仍是死亡，但他们还是忍不住做出了这样的尝试。各家电视台拍摄下了一幅幅以双子塔为背景的自由落体图像，这些可怜的生命在爬行脑的指挥下纵身跃向窗外，试图踏上当时仅剩的唯一一条逃生之路——飞翔。

此外，在我们的法律中，除一种特殊情况外，任何剥夺他人生命的行为都将受到严惩，这种例外就是

前 言

"正当防卫"。如果某个人正在威胁你的生命,你只有杀掉他才能得救,除此之外没有任何选择,那么这种防卫行为并不能算作谋杀,而是一种为了保护自己的生命被迫做出的极端尝试。这是镌刻在我们的爬行脑中的一种本能。因此,当遭遇袭击、地震、武装攻击或战争等突发事件时,爬行脑能够有效地帮助我们自救。

不过,爬行脑也有陷入矛盾的时候,因为有时候明明没什么危险,但它坚持认为有很大的威胁。我们可以回忆一下 2017 年 6 月发生在意大利都灵圣卡洛广场的踩踏事件。当时世界注目的欧冠足球决赛正在进行,由意大利的尤文图斯队对阵西班牙的皇家马德里队,成千上万名球迷都挤在广场的大屏幕前观看。比赛正激烈的时候,突然有人放起了鞭炮。然后有人大喊了一声"有恐怖袭击!",人们一下子全都吓蒙了。无数个爬行脑立刻警觉起来,它们不约而同地认定需要立即启动应急程序,催促主人赶快逃命。于是,人们仓皇地朝四面八方跑去。慌乱中,有人跌倒了,后面的人直接踩了上去……场面一度失控,如同战争般惨烈。事实上,当晚并没有任何恐怖袭击,但是有 1500 多人被送进了医院，有的经过简单治疗后回了家，有的住了院，还有的甚至失去了生命。这一可怕的事件向我们展示了人的爬行脑在启动时是多么迅速、多么强大，它是冲动的，不受理性控制的。这种特质有时候是有好处的，但是也有的时候会造成灾难性的后果。

通过这个例子，你应该已经意识到，如果 被冲动牵着鼻子走，我们会冒多大的风险，即便在最极端的情况下，最好的做法也应该是由我们自己以理性的方式（而不是冲动的方式）来做出决定。当然，这并不容易。我们需要通过不断练习，学会将大脑的三个楼层连接起来，每当爬行脑被触发、试图盲目地指导和控制我们时，更高层次的大脑能够及时制止它。同时，我们还需要经常检查连接三个楼层的电梯，确保它始终都能完美地运行，这样才能保证大脑处于最佳工作状态。这一过程在某些动作类和冒险类电影中有很充分的体现。

▶ → 在电影《哈利·波特与阿兹卡班的囚徒》中，有一个年轻的魔法师对抗神奇生物博格特的情节。卢平教授把所有的学生召集到一个衣柜前，向大家讲解了他们将面临的挑战：博格特是生活在黑暗中的一种会变形的生物，它能看透眼前人的内心，变成此人最害怕的东西。想要成功战胜挑战，魔法师需要强大的心力，因为他要借助想象，赋予自己害怕的事物以荒谬滑稽的形象，并大声喊出咒语"滑稽滑稽"！

卢平教授先问了纳威，纳威回答说他最怕的是斯内普教授。于是，卢平开始引导他去回想一样让他觉得好笑的东西，纳威想到了奶奶那些过时的旧衣服，搭配在一起着实令人发笑。卢平教授提示他将自己害怕的东西与刚才想到的滑稽的画面联系在一起。挑战开始后，博格特气势汹汹地从衣柜里冲了出来，它变成了斯内普教授的样子，恶狠狠地朝纳威扑了过去。纳威拼命地在脑海中将斯内普教授和奶奶那些搞笑的衣服联系在一起，并且大声喊道"滑稽滑稽"，魔法立刻生效了。大家看到斯内普教授穿着老奶奶的衣服，全都忍不住大笑起来，博格特则随即消失不见了。纳威利用了精神的力量成功战胜了博格特。

这个例子对我们来说尤为重要，因为它充分显示了在本能反应和更高层次的思维之间建立联系的重要性，而这也正是我们想通过这本书向你阐述的内容。

除了哈利·波特系列电影，你一定也看过很多其他电影，里面的超级英雄在用出神入化的功夫打败对手之前，往往也经历了一段异常艰苦的学徒岁月。他们要学会如何为最危急的极端情况做好准备；当其他人为了逃命而做出无比疯狂的举动时，他们要知道应该如何理性思考，做出合理的决定。在意大利语中，我们常常用"冷血"来形容一个受过专业训练的人镇定自若，即便面对在大多数人看起来无从下手的情况，他们也依然能泰然处之。消防员和应急专家就具备这种能力。当所有人忙着逃生时，他们却要挺身而出、奔赴险境，运用自己在长期训练中所学习到的策略和技能，在挽救他人生命的同时，也能够以慎重而理性的方式让自己脱险。

　　讲到这里，你应该已经意识到了，人类大脑的一楼就相当于掌管着所有基本生存功能的控制中枢，它监管着生活中的各类情况，每天都要处理大量的工作。我们其实是非常幸运的，因为在当前的生存条件下，我们的爬行脑可以开启自动驾驶模式，平稳地自动运行。你可以回想一下，在日常生活中，我们许多人过的都是衣食无忧的安稳生活：冰箱和贮藏室里放满了我们喜欢吃的食物；我们住的房子冬暖夏凉；只要身体稍有不适，就可以得到专业的医疗援助和对症的治疗。

简而言之，在成长过程中，我们都清楚地知道自己的生存每时每刻都是可以得到保障的。虽然也有一些人不像我们这样幸运，比如，被硝烟战火包围的人，被地震或海啸袭击的人，但是对于大多数人来说，活下去不是什么难事，我们也不必为此而过于担心。这其实是一种极大的优势，因为这样一来，我们的爬行脑就可以像自动驾驶仪一样自动运行，只需要占用极少甚至几乎不需要消耗我们的精神能量，而将宝贵的能量留给更高层次的大脑使用。于是，我们便可以轻松地从一楼登上二楼。

欢迎进入情绪脑的世界。

二楼：情绪脑
生命……是可以感受到的！

欢迎来到我们头脑中最酷的一个楼层。每当生命让我们感受到它的存在时，这个楼层就会被激活。在这一层居住的既不是思想，也不是求生的本能，而是情绪。情绪与我们的感受直接相关，在我们的精神生活中，最能让我们舒适的是它，最能让我们难受的也是它。你可以回忆一下最近一次你感到心跳加速的场景。或许是你心仪的男孩或女孩正从你的身边经过，每次看到他/她，你的大脑里就会一片空白。也有可能是在电影院里，你当时正沉浸在某个恐怖电影中。此时，配乐陡然紧张了起来，银幕上一只手悄悄地搭在了门把手上，门缓缓地被打开……看到这个画面，漆黑的影院里，有人突然被吓得尖叫了一声，你的心脏也一下子提到了嗓子眼。

  这两个场景虽然大相径庭，触发的也是完全不一样的情绪，但是体现在你身体上的反应却非常相似（都引起心跳加速）。见到梦中情人的时候，你心中被点燃的情绪是惊喜或幸福。而在第二种场景下，即在看恐怖电影时，被触发的情绪则是恐惧。我们情感世界的控制中心就位于大脑的第二个层级，也就是我们所说的情绪脑。在这里，我们最主要的六种情绪都有属于自己的房间，每个房间的门牌上分别写着：愤怒、恐惧、厌恶、悲伤、喜悦和惊讶。不论哪个房间的灯亮起来，你通常都能意识到，因为跟一秒钟之前相比，你的身体状态由于情绪的变化而发生了改变。

xxx

前 言

你可以再次回忆一下上面我们所提到的两个场景。你喜欢的男孩／女孩出现在你眼前之前，一切都很平静的。然后你突然看到了他／她，"咔嗒"一声，灯亮了。或者更准确地说，不是"咔嗒"，而是"轰隆"，一颗炸弹爆炸了。你的心脏开始狂跳起来，像脱缰的野马，在那随后的一小段时间内，你仿佛完全失控了。看恐怖电影的情形也是一样的。导演先给我们营造了极其平静的十分钟，然后，气氛突然改变，你的身体也跟着出现了强烈的紧张感。

情绪会引起我们身体平衡状态的改变。我们能真切地感受到情绪的存在，如心跳或呼吸频率加快或减慢，或者胃仿佛突然被卡住了，难受得不论多小一口东西都咽不下……正是这些身体上的信号，最终转变为心灵上的体验，因为它们会从身体传到大脑，然后驻留在二楼。这里有一个专属于情绪的空间——杏仁核，它跟杏仁差不多大小，却拥有核电站般的能量。因为在一毫秒之内，杏仁核所释放的能量就能席卷大脑的所有楼层，如同难以遏制的洪水猛兽，如同无法阻挡的无情大火，灼烧着大脑的每个角落和每个沟壑。

你肯定也曾因为一些看起来微不足道的事情而

XXXI

勃然大怒，父母往往是激发这类剧烈的攻击性情绪的主要原因。你需要独立，渴望跟父母不一样，但是父母总是忍不住插手你的生活，想把你控制在他们的羽翼之下。这对你来说是一个巨大的烦恼，你感觉自己被束缚在了非常有限的空间里，但是你想要更多的自由，尽管有时会遭遇失败，你依然想去尝试和挑战更多的新事物。从父母那里为自己争取自由是一件复杂而又艰难的事情。这场拔河比赛所激发出的情绪是强烈甚至粗暴的。为了完成这项挑战，有一个非常有用的策略：你可以时常让头脑中的电梯升到更高的楼层去冷静一下。那里储藏着许多睿智的思想和话语，无论多么强烈的情绪来到这里都可以得到平息。从前青春期开始，情绪会给我们的生活带来巨大的冲击，你或许已经为此而深受困扰。这些熟悉而又陌生的情绪仿佛篡改了你的生活剧本，把你拉进了一个陌生的剧组，你小时候做梦都没想到过，自己会成为这样一部电影的主角。你可能会发现，进入前青春期之后，许多上小学的时候你根本不感兴趣的事情现在却会激起你无比强烈的情绪。

前　言

> **前青春期与青春期**　指的是从十一二岁到十八九岁的两个成长阶段。其中，前青春期（11～14岁）对应的是初中时期，青春期（14～19岁）对应的是高中时期。前青春期和青春期覆盖了从我们感觉自己不再是小孩子，到真正长大成人这整个过程。我们无法给这两个阶段确定一个准确的开始时间和结束时间，而且这么做也是没有意义的。区分前青春期和青春期的因素，是成年人在孩子生活中所扮演的角色。处于前青春期的男孩和女孩，他们的自主性还比较有限，随着时间的推移，这种自主性会不断提高。因此，前青春期的孩子不论在做选择时还是在日常生活的管理方面，都还很需要成年人的帮助。而处于青春期的青少年则更加独立，能够越来越自主地管理自己的生活。

比如说，爱情。小朋友之间有时候也会谈情说爱，如给喜欢的小男孩或小女孩递个小纸条或发条短信，在上面写道"你愿意做我女朋友吗"或者"你想

XXXIII

做我男朋友吗"。但是这只不过是"儿戏",因为就算对方回答说"不愿意",这件事也就到此结束了,两三天以后,你可能又会给其他小朋友递同样的纸条。然而,从前青春期开始,事情就变得不一样了。因为只要一看到班上的某个男生或女生,你的心脏就立刻怦怦直跳。而发信息表白也不再像小学时那么随便了,那时候一切仿佛都是一场游戏,即便对方拒绝了,也不会往心里去。但是现在,表白成了一件非常严肃的事情。你开始变得困惑和犹豫不决,因为不想走错任何一步,你甚至不想给最在乎的人留下任何不好的印象。

> **发育期** 指的是儿童的身体逐渐转变为成年人的过渡时期,一般出现在 10～20 岁。发育的过程也包括性器官的成熟,其中最重要的表现是女生会出现月经初潮,男生则开始产生精子。

简而言之,你的大脑里仿佛冒出来一个全新的程序,里面全是你以前从来没看到过的文件,现在这个程序像病毒一样入侵了电脑的整个硬盘,你感受到生

前言

活和思考人生的方式全都被它控制了。不只是爱情，友情也不例外。进入前青春期和青春期之后，友情突然变得非常珍贵。在这个朋友大于天的青春时期，如果你没有一群好友，无法在一个团体中找到自己的位置，你很有可能就会痛苦万分。如果你能找到一位可以与之分享一切的知心朋友，那么你就像拥有了伸手就能摘到星星的神奇魔力，会引来许多人的羡慕。

然而，有朋友有多幸福，被亲密的朋友背叛就有多令人心碎。如果你经历过一定知道，这种伤害的威力有多么强大。你在小学时所体会到的情感根本无法与之相提并论。为什么呢？原因就写在你大脑的二楼。步入前青春期的门槛，我们的情绪脑会猛然向着成熟跃进一大步，这种突如其来的变化有时会让人错愕不已，因为我们大脑结构的第二层和第三层之间出现了显著的不平衡，一方面，情绪脑已经发展得相当强大，而另一方面，在它的上层，也就是掌管着思维的理智脑，此时还非常不成熟。具体来说，这意味着情绪来袭是迅猛而激烈的，如同疾风骤雨，它所带给我们的感受和体验也同样如此。与此同时，负责思考的理智脑本应学着加工和处理情绪，赋予这些情绪以意义并试着将它们以合理的方式安置在大脑之中，但是在前青春期阶段，我们的理智脑还没有能力完成这些任务。如果你被快乐的巨浪淹没了，那没有问题，你完全可以留在原地，尽情地享受这份快乐。但是，如果向你袭来的是悲伤，事情就复杂多了，需要你严阵以待。因为感到极度悲伤、不知道该如何发泄情绪不是一件好事。被可能引起不适的强烈负面情感吞没，那种滋味是非常苦涩的。

▶→《头脑特工队》（Inside Out）的主人公莱莉（Riley）就遭遇了类似的事情。不知道你有没有看过这部动画片。很多人认为动画片就是"糊弄小朋友的把戏"，有一些确实如此，但也有一些是值得所有人看的好片子。《头脑特工队》讲述的是一位 11 岁的女孩必须放弃过往的一切，从头开始新生活的故事。爸爸由于工作调动的原因需要搬到旧金山，莱莉也不得不跟着搬走，前往那个距离她出生和成长的地方几百公里远的陌生都市。于是，观众们跟随莱莉的脚步，见证了她在这一生活巨变期间所经历的种种事件。换一个城市生活，肯定会邂逅很多美好的事物吧？至少在观众们的期待中应该是这样的。然而，事实却有些

前言

令人失望。新家又暗又旧，而且没有花园，而融入新的学校、新的环境和人际关系对莱莉来说也是极大的挑战。故事是通过"外部"和"内部"两个不同的层面来讲述的。我们既能看到外部的莱莉，即在面对这翻天覆地的新变化时，发生在她身边的所有事情；同时，我们也能看到莱莉的内心世界，即我们可以沉浸在这位女孩的头脑里，准确地说是她的情绪脑中，近距离地观察她五彩缤纷的情绪世界中每种情绪是如何被激发的，各种情绪之间是如何相互影响的。

然而，只靠着情绪生活，对于我们人类来说未免太有局限性了。事实上，很多其他动物也能感受到种种情绪，它们的情绪是原原本本地"写在"中央神经系统中的。如果你有一只宠物狗，只要你一放学回家，它肯定会立刻无比热情地跑着迎上来。这就说明它很开心，而且它会即刻且直接地展示这种开心。但是，它不会跟你讲话，它不会问你今天课上都发生了什么事情。它没有办法为你出谋划策，排除你在爱情上遇到的烦恼或者解决跟朋友产生的矛盾，因为这些是只有我们人类才具备的能力，它们的大本营就是大脑这座楼房的第三层，即理智脑。

三楼：理智脑
"仔细考虑"不只是说说而已！

欢迎来到大脑之楼的顶层！居住在这里的是专门负责思考的理智脑，它也是整个大脑的总控制中心。我们收到的每一条复杂指令都是从这里发出的，我们的所欲、所做和所知，都是理智脑辛勤工作的成果。同时，我们所接触到的每一个刺激，其终点也都将是这里。生活中的所有体验，每一次的相遇和每一段关系，所有触发我们情绪开关或引发我们思考的事物……这一切也可以停留在我们大脑的下层，但是或迟或早（越早越好！），它们还是要想办法乘上电梯，进入理智脑的辖区。只有这样，我们才能从经验中学习，才能吃一堑、长一智，把不应该遗忘的教训深深地镌刻在记忆里，从容地应对生活赐予我们的苦与乐。

理智脑是由大脑灰质构成的，所谓的大脑灰质（也叫大脑皮层），指的就是覆盖在大脑表层的精密而复杂的细胞组织，灰质之下遍布神经纤维，各种刺激和神经冲动就是靠着这些盘根错节的神经纤维在中枢神经系统的各个区域之间传导。简而言之，我们人脑最复杂的工作都是在这里进行的。

这些工作是只有我们人类才能完成的，对此，语言能力就是一个很有力的证据，因为人类是唯一一种能使用复杂语言进行交流的物种。我们会跟身边的人聊天，分享我们的所思所想，单是这一点，就足以告诉我们具备认知能力是多么重要。正因为有了语言，我们才能与他人互动，才能将每一个普通的相遇转变成一段美好的关系。除了语言能力，理智脑的存在还赋予了我们解决问题、规划生活的能力。我们这里所说的规划生活，指的不仅是决定下个星期六跟朋友们一起去哪里玩，还包括人生道路的选择，如想要从事什么样的工作。我们在学校里擅长哪些学科，实际上也是由理智脑决定的。

著名科学家霍华德·加德纳（Howard Gardner）曾提出一个"多元才智"的理论，这一理论认为，我们的认知脑就像由很多不同的大脑构件共同构成的一幅拼图，每一部分都有特定的功能，承担特定的任务，这些部分组合在一起，共同构成了一个人完整的才智。加德纳最初构建的理论模型共包括七种基本才智，其中五种对应的是具体的学科技能，即语言文学才智、数学才智、音乐才智、身体与运动才智和艺术才智。毋庸赘述,我们每个人都是这些才智任意组合后所形成的不同于其他人的独立个体。建筑师在艺术和数学领域很可能有着杰出的才智,而对于作词家来说,其大脑中掌管文学和音乐才智的区域很可能相对更发达。梵·高的艺术才智一定不同寻常,而芭蕾舞蹈家罗伯托·博莱(Roberto Bolle)的身体才智则很可能是无法超越的。然而,聪明的你一定不难想象,在某一个学科上的才智,虽然有可能给你带来辉煌的职业生涯,却无法保证你的生活也必然幸福圆满。

通过研究一些大人物的传记,我们不难发现,他们虽然在擅长的领域里取得了了不起的成就,在业内是公认的"天才",但是他们在生活中却不快乐,甚至痛苦万分。事实上,加德纳的模型中除了以上五个部分,还包含与我们在学校里接触到的任何学科都没有关系的其他两种才智,即内省才智和人际关系才智。这两者在我们提高觉悟、追求生活幸福的过程中起着主导性的作用。用希腊哲学家苏格拉底的名言来说,内省才智就是"认识自己",它促使我们不断地跟自己对话,通过向内探索,发现自己的天性、本质和才能。对于自己的长处，我们要予以增强并尽可能地去开发和利用；对于自己的弱点，我们要了解并重新认识它们。唯有如此，我们才能最终接受它们，并将其纳入我们在头脑中构建的自我形象。与此同时，加德纳还告诉我们一定要开发自己的人际关系才智，即 与他人建立关系、跟对方接触时能感知对方情绪和意图的能力。

内省才智和人际关系才智这两者合而为一，就构成了人们所说的"情商"，即游刃有余地驾驶生活之舟，充分利用生命馈赠给我们的珍宝，同时学会应对人生旅途中糟糕的意外，因为意外是永远无法避免的。正如中国哲学家孙子所言："知己知彼，百战不殆。"这句话不仅可以用于战争，同样也适用于生活中的各种事物。没有人能预测到一天、一个月或一年之后的事情，但是，如果你平时训练有素，就一定可以兵来将挡水来土掩，无论遇到什么挑战，你都将能勇敢地直视它、面对它，然后利用恰当的情商和智商去应对并最终战胜它。

在这段成长的道路上，我们的首要任务就是不断磨炼和训练自己，为日后的生活做好准备，而书籍、电影和音乐是无比重要的训练工具。在书中，你常常能遇到跟自己相似的人，然后了解他们的故事，看他们如何面对挑战，解决错综复杂的问题。一页又一页，你跟随着文字，进入了主人公的生活，而他们也一样进入了你的生活，为你做出示范，告诉你如何去爱，如何在逆境中重生，如何为理想而战。电影也是如此，甚至效果比书籍更迅速、更直接，因为读书的时候，文字先进入你大脑中的三楼，然后再下到二楼（你的眼睛看到文字，理智脑对其进行分析和解读，这些文字产生的意义让你产生情感的波动）。而电影进入你内心的过程则是与之相反的，因为画面首先打开的是你情绪脑的大门，影片结束后，你才会反过来思考你在银幕上所看到的这些画面有哪些启示和意义。这样一来，观影的体验就从你大脑的二楼上升到了三楼。而歌曲作用在你身上的方式跟文字和电影又不一样，它通常同时"进攻"二楼和三楼。事实上，旋律是一种纯粹的情感，因此会直接进入你的情绪脑，而歌词则会从三楼的理智脑下降至情绪脑，与停留在那里的旋律融合成一种无与伦比的美妙体验。

前 言

有时候，听着某一首歌，你会忍不住潸然泪下，因为你发觉它唱的完全就是发生在你生活里的故事；有时候，某部电影也会让你深受感动，你感觉自己仿佛完全跟主人公融为一体了，跟着故事里的人物一起哭、一起笑，体会他们的所有情感。

这本书的目的就是训练你在大脑的各个楼层之间移动，尤其是督促你登上三楼，让你有能力安稳地与理智脑共处。

你手里这本书就像一个指南针，为在情绪领域摸索前进的你指明方向。你通过纷繁复杂的情绪感受到生活的滋味，在这之后，你要决定赋予这些情绪什么意义，你还要弄清楚为什么会产生这样的情绪，通过这些情绪，你的身体、心脏和头脑在试图向你传达哪些信息。每个人都不可避免地会感受到我们之前所提到的六种主要情绪，因为它们是镌刻在我们人类情感DNA 里的。这本书将指引你踏上对这六种情绪的发现之旅，并且在旅途中为你提供支持和帮助。认识这些情绪，意味着当它们下一次现身时，你能更理性地去体会它们，将它们转变成人生地图上的六个基本方位，帮助自己在生活的旅途中辨明方向，朝着目标前进。因为如果你的手里没有指南针，每当有强烈的情绪突然在心中爆发时，你很有可能就会迷失方向；如果你无法用语言来描述你内心所体会到的情绪，那么你就可能陷入翻腾的情绪旋涡，被困惑和疲惫包围，甚至变得有攻击性，把周围的物品或其他人当作出气筒。

  现在你已经长大了，不能再将自己的情绪全权交给大人监管，而要学会独立而高效地自行管理。就像在超市，你走在一排又一排的货架之间，琳琅满目的商品刺激着你的欲望，你感觉自己似乎可以轻轻松松地拥有这一切，因为它们就摆在那儿，在你的眼前，唾手可得。你只需要伸一伸胳膊，就立刻能体验到将它们据为己有的滋味。然而，每样东西都有它的价格，在去收银台结账之前，你必须权衡，购物车里的东西你是否确实需要，你带的钱是否足够支付所有的费用。

  如果把生活比作一次旅行，那么从现在开始，未来的旅程该如何安排就越来越多地掌握在你的手中了，你要决定用哪些工具来导航，要选择将哪些地方作为探索的目的地。你既要学会在风平浪静的水域航行，还要随时做好准备迎接汹涌的波涛和疾风骤雨。风浪来临时，你决不能放开手里的船舵，因为唯有如此你才能保持航向，抵达可以停靠的岛屿。

一座只有你才能发现的岛屿。

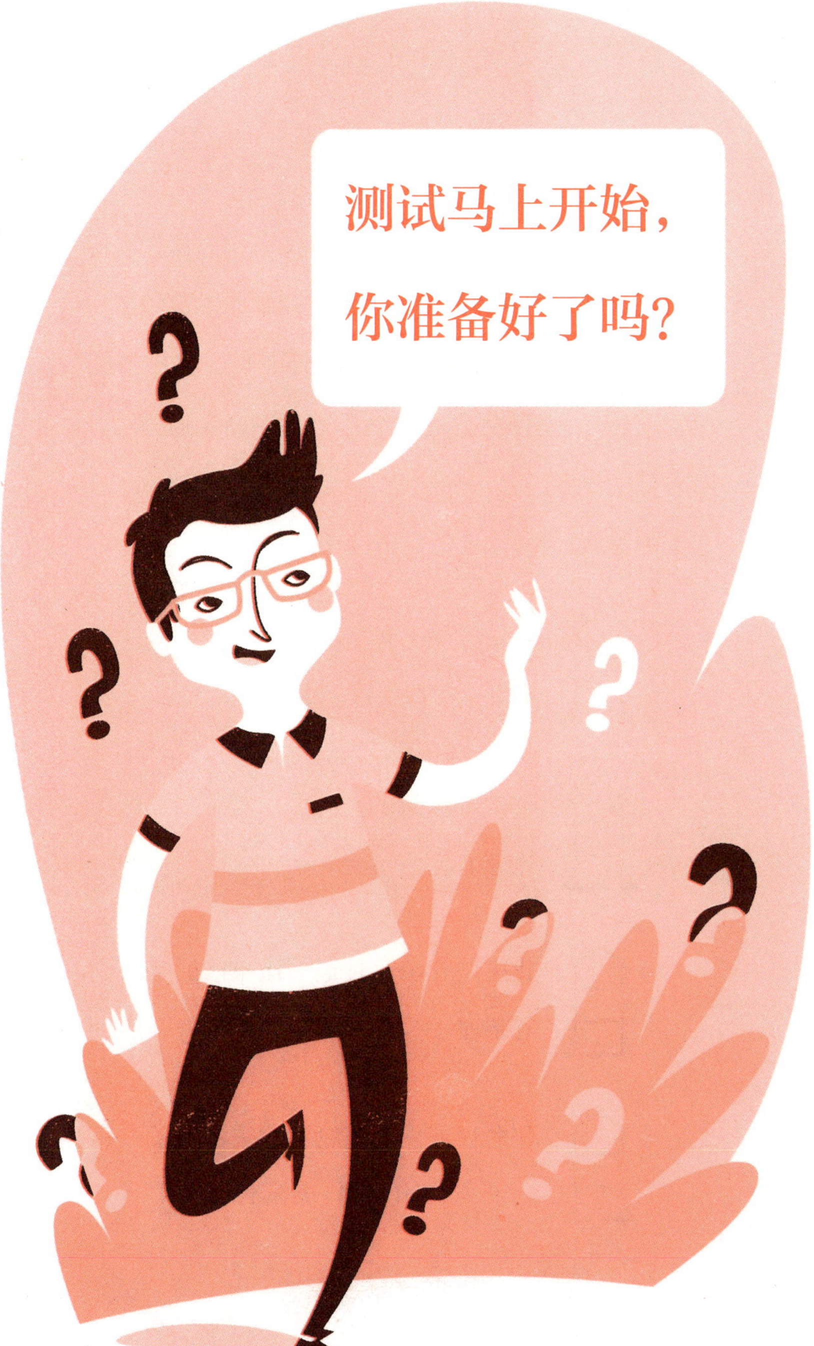
测试马上开始，
你准备好了吗？

小测试：哪个部分的大脑在工作

怎么样？你了解大脑的各个层级各负责哪些工作了吗？给你一种具体的情形，你能判断此时被触发的是爬行脑（一楼）、情绪脑（二楼）还是理智脑（三楼）吗？请你仔细阅读下面的描述，然后判断它们分别对应着你的大脑的哪一个层级。全部完成后，请你对照后面的答案，看看自己的成绩如何。

三楼 二楼 一楼　卢卡辱骂了我，但我知道他一生气就会说一些违背自己本意的话。

三楼 二楼 一楼　宝拉触碰到了我的手，那种感觉简直棒极了。

三楼 二楼 一楼　我决定开始写日记，让自己的生活更有条理。

三楼 二楼 一楼　救命！下一个该轮到我去考试了，我脑子一片空白，什么都不记得了。

[三楼/二楼/一楼] 虽然现在有太阳，但我还是决定带一件外套，因为今天晚上我要很晚才能回来。

[三楼/二楼/一楼] 骑自行车下坡的时候，我突然意识到刹车是坏的，于是，我立刻倒向路旁，车子这才停了下来。

[三楼/二楼/一楼] 今天早上，老师在讲台前叫我过去，不料我一起身就晕倒了。

[三楼/二楼/一楼] 无论我怎么努力，都回忆不起关于车祸的任何细节了。

[三楼/二楼/一楼] 第一次看《星运里的错》[1]时，我哭得不成样子。

---

[1]《星运里的错》英文原名 *The Fault in Our Stars*，是 2014 年上映的一部美国青春浪漫剧情电影，由乔许·布恩执导，改编自 2012 年约翰·格林的同名小说。——译者注

我看中了一件篮球运动衫，但是没有立刻买下来，因为一个星期后打折季就开始了。

卢卡说我蠢，我一拳就打在了他的肚子上。

表演的时候我唱歌跑调了，为此我感到羞愧极了。

喜欢恶作剧的卢西奥点燃一个鞭炮扔到了我的脚边，我忍不住尖叫一声，整幢楼的人吓得全都跑了出来。

整个学年历史老师都给了我很大的压力，但是最后成绩单上的9分让我感到非常有成就感。

我果断出脚，用梅西停球的技巧成功挽救了我的手机。

参考答案

一楼：爬行脑

- 喜欢恶作剧的卢西奥点燃一个鞭炮扔到了我的脚边，我忍不住尖叫一声，整幢楼的人吓得全都跑了出来。
- 骑自行车下坡的时候，我突然意识到刹车是坏的，于是，我立刻倒向路旁，车子这才停了下来。
- 我果断出脚，用梅西停球的技巧挽救了我的手机。
- 今天早上，老师在讲台前叫我过去，不料我一起身就晕倒了。
- 无论我怎么努力，都回忆不起关于车祸的任何细节了。

二楼：情绪脑

- 第一次看《星运里的错》时，我哭得不成样子。
- 宝拉触碰到了我的手，那种感觉简直棒极了。
- 卢卡说我蠢，我一拳就打在了他的肚子上。
- 救命！下一个该轮到我去考试了，我脑子一片空白，什么都不记得了。

- 表演的时候我唱歌跑调了，为此我感到羞愧极了。

三楼：理智脑

- 虽然现在有太阳，但我还是决定带一件外套，因为今天晚上我要很晚才能回来。
- 卢卡辱骂了我，但我知道他一生气就会说一些违背自己本意的话。
- 我决定开始写日记，让自己的生活更有条理。
- 整个学年历史老师都给了我很大的压力，但是最后成绩单上的9分让我感到非常有成就感。
- 我看中了一件篮球运动衫，但是没有立刻买下来，因为一个星期后打折季就开始了。

答对少于5个

你可以把前面我们讲的内容再认真读一遍，然后再重新做一遍测试。你会发现这些情景和大脑各个部分之间的对应关系变得清晰多了！

答对6～10个

你很擅长动脑筋，你能够把握大脑的不同功能之间的区别。通过这本书，你的这种辨别能力一定会进一步增强!

答对 11 个以上

你有时间帮我们一起编写下一本书吗?真的太棒了,你分析不同场景的能力非常出色,能够准确地分辨大脑各个部分的功能。相信通过这本书,你将开启一段不同寻常的旅程!

情商测试：你会辨别和管理自己的情绪吗

请你根据自己的情况，为下面的每个问题选择一个恰当的答案。完成之后，你需要数一数自己的答案中分别有几个 a、b 和 c，然后翻到后面查看对应的描述。举例来说，如果你的大部分答案都是 a，但是答案 b 也有三个以上，在这种情况下，我们建议你把关于 b 的描述也读一读，因为虽然它对应的不是你的主要特点，但是或许也可以告诉你一些关于你的信息。

1. 班上的一位同学拿你的着装开玩笑，你会

    a）独自离去，假装什么也没有听见。

    b）跟对方恶语相向。

    c）说个俏皮话，然后一笑了之。

2. 跟朋友一起看电影的时候，如果你觉得很感动，

    a）你从来都不会哭。

    b）你会悄悄地哭，尽量不让其他人看见。

    c）你会尽情地哭，因为对你来说，让别人看到自己哭没什么大不了的。

3. 如果你发现大家为你准备了一个惊喜派对，你会

    a）愣住，吃力地装出很自然的样子。

b）不知所措，感到非常困惑。

c）脸上露出吃惊的笑容，将你的惊讶大方地展示给所有人。

4. 如果听到父母吵架吵得很凶，你会

   a）不让他们看到你，假装什么都不知道。

   b）开始号啕大哭，这样他们就会停止争吵，过来安慰你。

   c）你会把自己的悲伤和担心表现出来，试着让他们向你解释争吵的原因。

5. 老师当着全班同学的面夸赞你的作文写得很好，你会

   a）埋头翻书，不看任何人。

   b）紧张得几乎听不见老师在说什么，只希望赶紧结束。

   c）开心地听老师讲，同时环视四周，看大家是否喜欢你所选择的主题。

6. 你发现同学们正在组织一起去公园野餐，但是没有人告诉你，你会

   a）认为他们不配跟你做朋友，就算收到邀请你也不会去。

b）抓住一切机会对他们冷嘲热讽，一定要报复回去。

c）去跟你信得过的同学聊一聊，试着弄明白其中的原因。

7. 班上来了一位新同学，他是外国人，不太会说汉语，你会

a）离他远一点，因为跟他没什么好说的。

b）认为其他所有人都比你更能引起他的注意。

c）立刻开始思考该如何帮助他融入集体。

8. 班上一位同学参加完爷爷的葬礼后回到了学校，你会

a）离他远一点，因为你不知道该跟他说些什么。

b）每次听到有人讲伤感的话，你就说一些俏皮话来缓和气氛。

c）来到他身边，试着安慰他。

9. 你最好的朋友的生日到了，在送他礼物的时候，

a）你从来不会给他写贺卡。

b）你会试着写一张贺卡，但是你想不出任何有趣的内容。

c）你会准备一张贺卡，通过文字跟朋友分享一些

美好的事情。

10. 妈妈生气地对着你吼了一通，因为妹妹在哭，可是你没去管她。这时你会

　a）摔门而去。

　b）趴在沙发上哭。

　c）试着解释刚才是怎么回事。

测试结果

你大部分答案选的是 a
安全距离保持者

你绝对不是一个容易流泪、遇到什么事情都爱激动的人，至少从外表看起来是这样的。有时候你看起来就像铁石心肠，似乎任何事情都无法触动你的内心，可是事实真的是这样吗？答案只有你自己知道。毋庸置疑，你不喜欢谈论自己的感受，也不会问任何有可能触发别人情绪的问题。比起那些宏大的话题，你更喜欢实实在在的事物。你不喜欢成为大家注目的焦点，因此会逃避一切这类场合。不过，有时候情绪还是能找到"点燃"你的开关，遇到这种情况，你就会十分紧张，感到很不自在。这本书可以为你提供一些更好的管理情绪的新方法，毕竟偶尔流露自己的情绪实际上并不是什么坏事。放下戒备，投入精彩的航海之旅中来，学着在神秘的感情世界辨别方向吧。祝你旅途愉快！

你大部分答案选的是 b

情绪短路者

你完全沉浸在周围所发生的事情之中，以至于头脑都快停止工作了，你自己也不知道到底该何去何从。你常常被其他人所说的话或突然发生的事情所左右，当外界陷入混乱时，你自己内心也没有任何可靠的工具可以指引你走出泥潭。你经常试图从别人那里获得肯定，而每次有新的问题摆在面前时，你都会感觉缺乏信心和安全感。你要知道，你并不是唯一一个有这种感觉的人！这本书将会帮助你构建起一些属于你自己的工具，从而更好地体验你的种种情绪。你将学会关注自己的内心世界，通过提高语言的运用能力，让自己的情绪得到更好的控制。你将学会判断什么时候需要在火上浇点水，什么时候该添把柴让火苗烧得更旺。祝你旅途愉快！

你大部分答案选的是 c

情绪平衡大师

你绝不是遇到事情把头埋在沙子里的鸵鸟，对于自己的心情你也会毫不隐瞒。你懂得如何使用语言来讲述自己的内心感受，有时候这种技能会让你周围的人感到惊讶。你知道如何安慰伤心的人，不害怕向别人展示自己的真实感受。你有很多朋友，而且你跟他们的关系都保持得很不错。一般来说，你不会做出冲动鲁莽的行为，遇到事情会尽量开动脑筋，思考最佳的解决方案。你是一个真诚而直接的人，当遇到麻烦的时候，你会果断求助。这本书将会帮助你进一步增强这些优秀的能力，因为与情绪更好地共处的训练是永无止境的。祝你旅途愉快！

第 1 章
悲　伤

悲伤只是隔在两座花园之间的一堵墙。

——哈利勒·纪伯伦

小测试

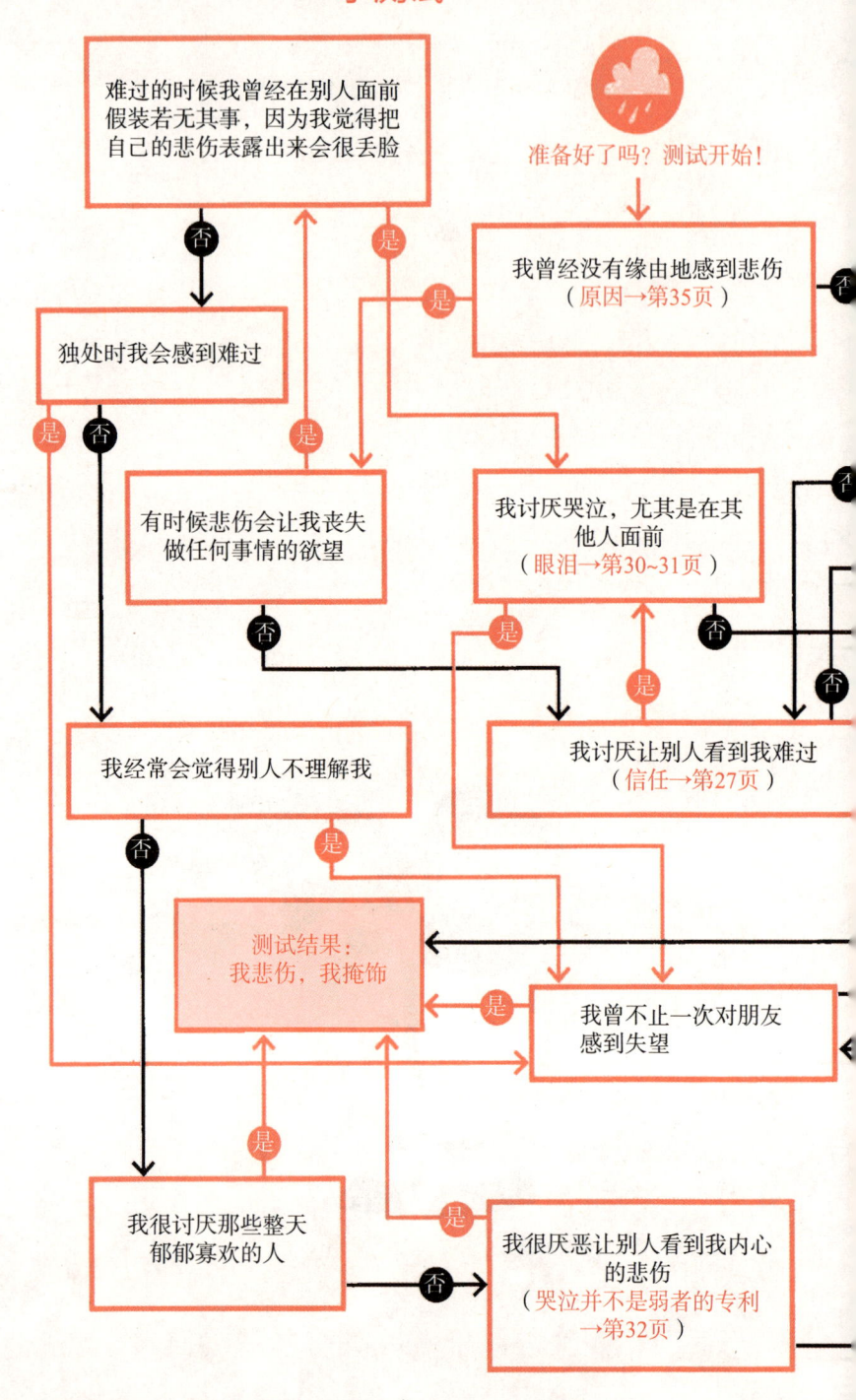

准备好了吗？测试开始！

- 难过的时候我曾经在别人面前假装若无其事，因为我觉得把自己的悲伤表露出来会很丢脸
- 我曾经没有缘由地感到悲伤（原因→第35页）
- 独处时我会感到难过
- 有时候悲伤会让我丧失做任何事情的欲望
- 我讨厌哭泣，尤其是在其他人面前（眼泪→第30~31页）
- 我经常会觉得别人不理解我
- 我讨厌让别人看到我难过（信任→第27页）
- 我曾不止一次对朋友感到失望
- 我很讨厌那些整天郁郁寡欢的人
- 我很厌恶让别人看到我内心的悲伤（哭泣并不是弱者的专利→第32页）

测试结果：我悲伤，我掩饰

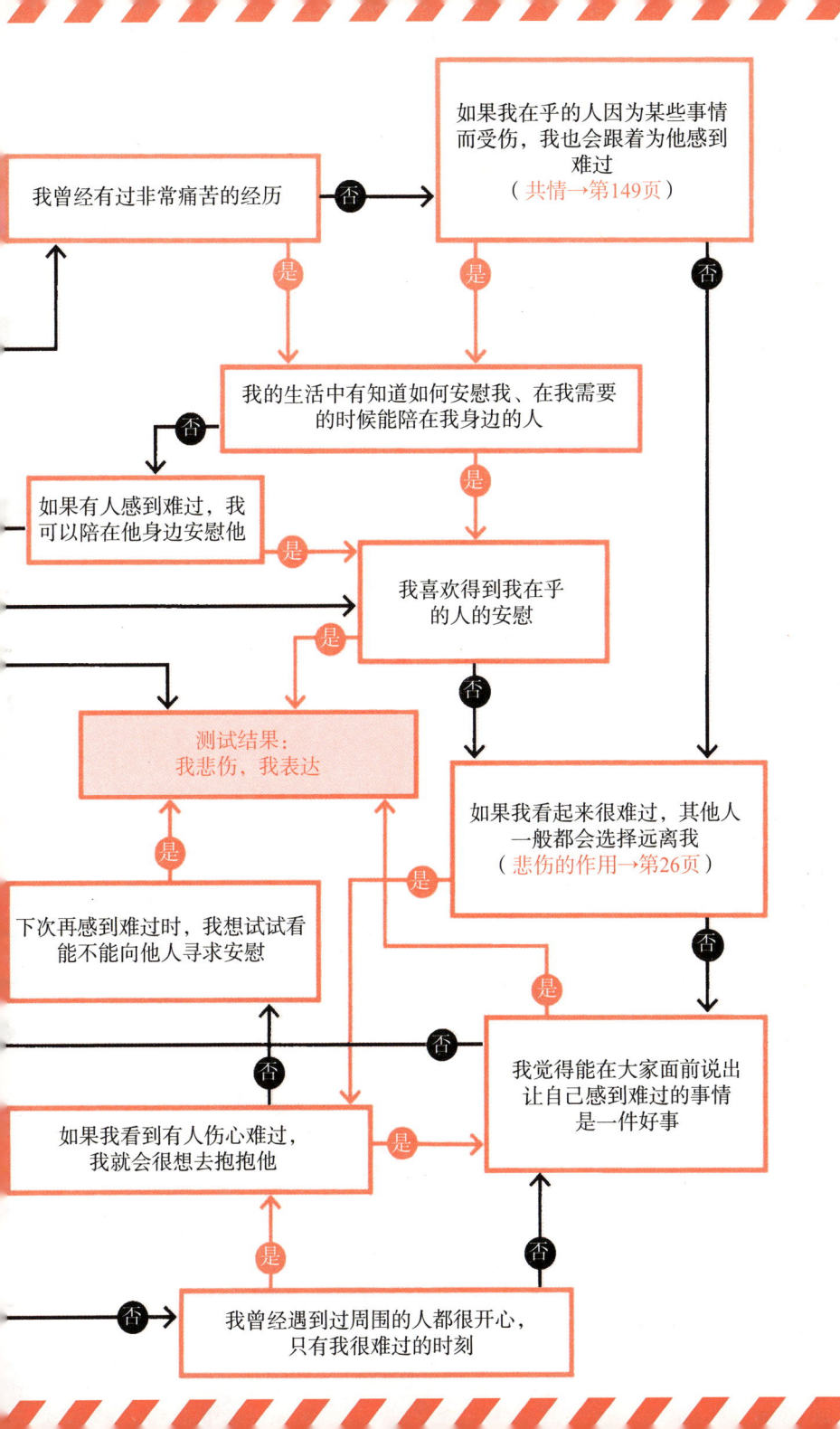

```
                                                    ┌─────────────────────────┐
                                                    │ 如果我在乎的人因为某些事情 │
                                                    │ 而受伤，我也会跟着为他感到 │
┌─────────────────────────┐       否                │ 难过                     │
│ 我曾经有过非常痛苦的经历  │ ────────────→          │ （共情→第149页）         │
└─────────────────────────┘                         └─────────────────────────┘
            ↑              是            是                      否
            │              ↓             ↓                       ↓
            │        ┌──────────────────────────────────┐
            │        │ 我的生活中有知道如何安慰我、在我需要 │
            │        │ 的时候能陪在我身边的人             │
            │   否   └──────────────────────────────────┘
            │   ↓                 是
            │   ↓                 ↓
┌─────────────────────────┐
│ 如果有人感到难过，我     │
│ 可以陪在他身边安慰他     │ 是  ┌──────────────────────┐
└─────────────────────────┘ →   │ 我喜欢得到我在乎       │
                                │ 的人的安慰            │
         ────────────────→      └──────────────────────┘
                              是       ↓ 否
                              ↓
         ┌──────────────────────────┐
         │    测试结果：              │    ┌──────────────────────────┐
         │  我悲伤，我表达            │    │ 如果我看起来很难过，其他人 │
         └──────────────────────────┘    │ 一般都会选择远离我         │
                    ↑ 是                  │ （悲伤的作用→第26页）     │
                                          └──────────────────────────┘
         ┌──────────────────────────┐              ↓ 否
         │ 下次再感到难过时，我想试试看 │ 是
         │ 能不能向他人寻求安慰        │ →
         └──────────────────────────┘
                    ↑                              ↓ 是
                    │ 否
         ┌──────────────────────────┐    ┌──────────────────────────┐
         │ 如果我看到有人伤心难过，   │ 是 │ 我觉得能在大家面前说出     │
         │ 我就会很想去抱抱他         │ → │ 让自己感到难过的事情       │
         └──────────────────────────┘    │ 是一件好事                │
                    ↑ 是                  └──────────────────────────┘
                    │                              ↑ 否
         ┌──────────────────────────┐
       否│ 我曾经遇到过周围的人都很开心，│
       → │ 只有我很难过的时刻          │
         └──────────────────────────┘
```

测试结果

你的类型：我悲伤，我掩饰

不要再自己默默地承受一切了！如果说有一种感觉是你最不想体验的，那肯定就是悲伤，但是事与愿违，你常常会发现它如影随形。这是为什么呢？有时候你能找到确切的原因，但是也有的时候并没有发生什么大不了的事情，你却突然感到被这种情绪包围了。是的，悲伤有时会毫无缘由地突然袭来，有时则是慢慢渗透进你的内心。无论如何，有一点是确定的，那就是你讨厌让别人看到自己悲伤的样子，你甚至看不惯那些在别人面前流眼泪或示弱的人。伤心的时候让别人来安慰你？不，这只会让你感到如坐针毡。如果你在读这段文字，那么就来做一个实验：请你一定要试着改变一下你处理悲伤情绪的方式，哪怕只试一次。下次你感到难过的时候，可以仔细读一读我们在后面提供的五条建议，并试着付诸实践。请你将所发生的事情记录下来，看看这个实验是否给你带来了某种值得去继续探索的新变化，然后你自己决定是要继续沿用以前的策略，还是再做一次新的尝试。

你的类型：我悲伤，我表达

你决定不再把悲伤当作自己的私事。或许这本来就是你的一贯作风：每次陷入困境，你都知道该如何向他人求助，而且当别人遇到麻烦时，你也一样会很上心。如果碰到了让你难过的事，你会试着向信任的人倾诉，把自己的感受用语言描述出来。

已经出现的困境不会凭空消失，如果悲伤是因为思念某个从你生活中离开的人，或者某些事情结果没有如你所愿，那么很遗憾，我们都没有让时光倒流的魔法棒，无法回到以前去扭转现实。但是，你要知道，语言有时候可以创造一些小小的奇迹。你需要敞开心房，将悲伤释放出来，让新鲜的空气和明媚的阳光进入，然后一切都将慢慢好转。不过，也许你还处于起步阶段，应对悲伤的情绪还是让你略感困难，对于如何获得安慰，你也没有太多的经验。但是值得表扬的是，你在努力将自己的悲伤展露出来。从今往后，你需要继续这么做。不过，请你一定要选择合适的人，来接受这份珍贵的礼物。电影《头脑特工队》中，小彬彬在失去自己心爱的火箭后，哭得非常伤心，最后，忧忧的话成功地让他得到了安慰，我们建议你仔细看一看这个片段。你将会看到分享的力量有多么强大！

小故事

我曾经的朋友

我和保罗上幼儿园的时候就认识了。第一次见面,他就给我一种非常和善的感觉。当时他顶着一头红色的鬈发,一下就引起了我的注意。他脸上还有一簇簇小雀斑,也太可爱了吧!后来,我们经常一起玩,成了形影不离的好朋友。我跟他无话不谈,分享所有的秘密,他总是耐心地倾听,从不随便做出评判,而是给我提出建议,帮助我摆脱困境。我对他也是一样的。再后来,我们一起升入了中学。

有一天,不知道是谁偷偷地在保罗背后贴了一张纸条,上面写着"我是同性恋",因为他最好的朋友——也就是我——是一个女生。保罗毫不知情,整个课间他都背着那张字条在外面晃荡。我则留在教室里没有出去,因为我前一天的数学作业还没做,只能借着课间休息赶紧补完。正当我忙着算题的时候,我突然注意到班里的同学都在进进出出，他们神秘地嬉笑着，还纷纷朝我这个方向偷瞄。我感觉到有些不对劲，连忙冲出教室一探究竟。我一眼就看到了贴在保罗身后的那句醒目的"宣言"，而我那可怜的朋友却还在若无其事地到处走动……这实在让我忍无可忍，于是，我冲过去，拉着保罗直奔校长办公室。我把贴在他背上的纸条撕下来交给了校长。课间休息结束后，校长来到了我们教室。"今天发生的事情我已经都知道了。取笑别人是非常愚蠢的行为，拿性取向开玩笑更加恶劣。我觉得你们对这方面的认识相当混乱，所以有必要安排一位专业的老师，帮助大家解开所有的疑惑，静下心来反思一下。而且，我今天在这里说清楚，在这所学校里，类似的行为以后绝对不允许出现第二次。"说罢，校长就离开了教室。

事实证明，我把校长搬出来的做法非常有效，因为从那以后，再也没有人敢开保罗的玩笑了。然而，也正是在那个早上，我失去了我的朋友。也许我因为急着保护他，表现得确实有些夸张；也许对他来说，当着众人的面被我从走廊中间一路拖到校长办公室，比贴在背上的那张纸条更令他难堪。总之，事情的结

第 1 章 悲 伤

果就是，从那天起，保罗就刻意疏远我，开始跟其他同学交朋友，确切地说，是只跟男生交朋友。这让我感到非常难过，但没想到这才只是一个开始。

到了1月，我迎来了最致命的打击。1月正是报考高中的时候。我和保罗很久以前就约定了要一起去读文科高中[1]，然而保罗最后却选择了理科高中。

那是我生命中最黑暗的一段时间，我感觉我的整个世界都崩塌了。我和保罗曾经是那么好的朋友，我们一起经历了那么多快乐和难熬的时刻。现在猝不及防地得知高中时光再也不能跟他在一起了，我真的没有办法想象。而且，更让我难以接受的是，这个如此重要、如此令人震惊的消息，竟然不是保罗亲口告诉我的，而是我妈妈从他妈妈口中得知，最后才传到我的耳朵里的。

我从来没有认真地思考过"背叛"这个词的含义，但是那一刻我真真切切地感觉到自己被背叛了。这一切并没有令我愤怒，而是让我痛苦得发疯。我自始至

---

1 意大利的高中分为文科高中、理科高中、语言类高中和艺术类高中等不同种类，因此在中考之前要先确定自己想学习什么科目，然后选择对应的高中类型。——译者注

终都没有生保罗的气,他对我来说太重要了。

可是我的心里翻江倒海,这种强烈的情绪让我几乎失去理智。连续很多天,我根本没有办法集中精力做任何事情。我努力保持镇定,试图向保罗问清楚这到底是怎么回事。然而,他对于我的问题却好像很吃惊:"为什么这么问?我并没有对你怎么样啊。我没有想过要针对你,这一切都只不过是我为自己做出的决定。""可是你曾经答应过我……""小时候说过的事情多着呢,但人是在不断成长的,不可能永远抓着一件八岁的时候说过的事情不放。"

保罗的回答让我久久难以释怀,甚至比发现他瞒着我更改了报考志愿这件事更令我难过。这些话里的每一个字都宣示着我们友谊的终结。那个时代结束了,回不去了。对他来说,新的时代已经开启。然而,对我来说,我不知道未来会开启怎样的篇章,但可以确定的是,在那一刻我生命中最为重要的一件事情永远地画上了句号。

我哭了不知道多少次。在学校里,或者参加篮球训练时,我还是努力保持原来的样子,但是一到家,回到自己的房间,悲伤就会像海浪一样突然向我袭来。爸爸也对我失去了耐心:"够了,贝娅特丽琪!我受够你整天哭哭啼啼的这副样子了!有什么好哭的,他又不是你男朋友!"爸爸并不知道,其实失去朋友,要比失去男朋友痛苦得多。

朋友是一辈子的,或者说,至少理论上本应如此……

悲伤是什么

悲伤：令人痛苦，却必不可缺

悲伤，毫无疑问，这是所有情绪中你最不想遇到、最想远离的，你会礼貌却坚定地告诫它："请远离我，不要侵入我的领地。"小的时候，我们的父母会想尽一切办法，将悲伤挡在我们的生活之外。他们希望由他们带到世界上来的小生命可以一直幸福快乐，就像广告里一样，所有人脸上都笑意盈盈，但是可惜这只是纯粹的乌托邦。

悲伤在生活中发挥着极其重要的作用，它可以促使我们想尽一切办法，把那些能保护我们、让我们感受到爱、给我们带来安全感的人留在我们身边。

我们总习惯于认为悲伤是快乐的反义词，因为快乐是世界上最美妙的情绪，而悲伤则相反。然而，从本质上来说，这两种情绪实际上并不是对立的，悲伤只不过是快乐的另一面。每当我们跟那些能让我们感

第 1 章 悲 伤

到美好、被爱和被需要的人在一起时，快乐的情绪就会被点燃。悲伤发挥作用的方式恰好相反：当我们感到孤独时，或者与身边的人发生矛盾时，一种空荡荡的不适感就会涌到腹部，没错，那就是悲伤。就像因为保罗的疏远而感到备受折磨的贝娅特丽琪，她渴望像从前一样与保罗亲密无间，而保罗却已经有了新的需求，并在此驱使下开始去追寻新鲜的事物。

它是一个长在你心里的空洞，就像一个在你最不情愿的时候突然形成的陨石坑，亟待被填平。对于悲伤，也许没有比这更恰当的比喻了。而这种缺失感靠自己根本无法抚平，必须在身边人的帮助下，才能得到填补和治愈。

然而，对很多人来说，在别人面前流露自己的悲伤并不容易。或许你也曾刻意隐瞒这种情绪，因为害怕被别人讨厌，怕变成别人眼里天天愁眉苦脸的祥林嫂。只有对身边的人足够信任时，我们才会展现自己的悲伤。如果你相信即使在你"不在状态"的时候，朋友或父母也依然能够爱你、接纳你，那么你很有可能会欣然跟他们分享你的至暗时刻，从他们那里寻求安慰。他们可以给你一些建议或者只是听着你发牢

我的 6 个情绪朋友

骚，也足以让你感到不那么孤独。

> **抑郁** 指的是一种经常性、持续性的心情低落的状态。抑郁最主要的表现是"失乐"，也就是无论做什么事情，自始至终都感受不到乐趣；做任何事情都提不起兴致，只感到极度悲伤。如果到了连学习、工作、跟朋友一起出门、做运动等最简单的事情都很难或无法完成的程度，那么抑郁就成为一种不容忽视的真正的疾病。一直处于这种状态的人会萌生出对万事万物悲观的态度，这种情况就需要医生或专业的心理疏导人员介入，因为靠患者自己已经没有办法痊愈了。

▶ →《超能陆战队》(*Big Hero 6*)的主人公是一个名副其实的天才机器人。14 岁的机械神童小宏凭借自己的智慧发明出格斗机器人，在地下机器人格斗赛中称霸。他是一个孤儿，和哥哥泰迪（Tadashi）还有一位阿姨一起生活。哥哥就读于旧金山理工学院，他希望小宏也能考取这所以高科技为特色的著名

第 1 章 悲 伤

院校，所以一直在鼓励和帮助他。然而，就在举办招生活动的那一天，学校里突然发生了火灾，哥哥不幸丧生火海。小宏备受打击，拒绝接受任何人的安慰。他一直在想命运为什么对他如此不公，每个试图靠近他的人，都被他无情地拒之门外。沉浸在悲痛中的小宏不想让任何人看到自己的样子，他用愤怒把自己包裹得密不透风，让大家望而却步。然而，一个偶然的机会，哥哥泰迪发明的心理疗愈机器人闯入了他的生活，突破了小宏的防线，迫使他开始直面自己的悲伤。

　　驯服悲伤的方法只有一种，那就是勇敢地面对它，而不是无动于衷，假装若无其事。如果身边有人陪伴，而且最好是爱我们的人，可以与我们共渡难关，那么与这种情绪邂逅的过程将会少一些痛苦。

悲伤有哪些表现

难过的时候……就要哭出来！

为了表达悲伤的情绪，漫长的进化史赋予了我们人类一种最基本也是最重要的生理反应——流泪。贝娅特丽琪把自己关在房间里大哭，这是一个宣示她情绪的明确信号，促使她的父亲进行干预，鼓励她顺利渡过由于保罗的疏远而带来的难关。**眼泪是可以看得见的信号，能够将我们的悲伤展现给其他人。**我们从小就对眼泪非常熟悉，因为每当遇到一些看起来无法忍受的事情时，我们便会使用这种工具。眼泪表达了三个非常重要的感受：

- 我感觉很难受。
- 我自己一个人做不到。
- 希望有人能来帮帮我。

请你设想这样一个场景：班里有同学过生日，但是你发现自己是唯一一个没有受到邀请去参加生日聚

第1章 悲伤

会的人。这时候,你会感觉如何?你很有可能会难过得想哭,内心会感到一阵剧痛,头脑也会瞬间被各种问题挤爆:"为什么唯独我没有受到邀请?我做错什么了?为什么他们不喜欢我?"伴随着悲伤,一种羞耻感也会油然而生,因为你会觉得自己是唯一被排除在外的人:"他们肯定会觉得我很可怜。大家一定都在讨论我有多倒霉。"

悲伤所带来的痛苦深藏在我们内心深处,有时候,这种痛苦是如此强烈、如此令人难以忍受,甚至根本找不到合适的语言来表达,而眼泪却可以将它们转化为看得见的东西。不过,并不是所有的人都能跟眼泪友好相处的,很多人从来都不会在公共场合哭泣,因为这意味着要将自己的悲伤展示给所有人看,这样的情景对于他们来说是根本无法忍受的。

比如,有些成年人从小就处在"男子汉流血不流泪"这类观念的熏陶之下,被告知流泪就是懦弱的象征。长大之后,这些人就继续教育他们的儿子也要这么做。"你一定不想哭得跟个娘们儿似的!"我们可以开诚布公地说,这种说法是大错特错的。因为它不仅包含了两个错误,同时还是集陈词滥调与性别刻板印象于一身的一种无比糟糕的表述。

> **刻板印象** 指的是对某个人或某个特定人群的僵化而笼统的看法，这种看法也会继而影响我们的行为。人们常常在未经接触、没有真正了解一个人之前，就根据刻板印象，草率地对其做出评价（比如，金发碧眼的女孩都不聪明，男孩都很幼稚……）。
>
> **偏见** 在对某种现实情况缺乏直接和深入了解的情况下，基于个人情感偏好所做出的非理性的判断。这些判断可能会影响他人的观点，或者/并且激发某些伤害自己和他人的行为（比如，努力也没用，反正教授们都有自己偏爱的学生；垃圾分类是没有意义的，反正总有很多人会到处乱扔）。

哭泣并不是软弱的表现，相反，这是一种很勇敢的行为，有助于我们将悲伤情绪从身体中排解出去。如果你难过得无法忍受，那么你必须通过某种方式将

第 1 章　悲　伤

这种感受传达给某个人，否则你该如何从困境中挣脱呢？将情绪表达出来，意味着放开缰绳，让情绪得以释放，或者至少是部分释放。因此，只是因为自己感觉"不够爷们儿"，就放弃眼泪这种有效的工具，是很愚蠢的做法。

→《伊利亚特》和《奥德赛》这类伟大的史诗中充满了各种神勇的英雄，他们无所畏惧，骁勇善战，但是从不以表达自己的情绪为耻。在这些史诗故事里，我们看到了尤利西斯的眼泪，远离故乡伊塔卡（Itaca）——他最深爱的人所生活的土地之后，思乡之痛让他泪眼婆娑。不过，最令人震撼的或许是《伊利亚特》中阿喀琉斯的眼泪，挚友帕特洛克罗斯被杀之后，阿喀琉斯悲痛欲绝，潸然泪下。而与此相呼应和相对立的，是另一位英雄——特洛伊国王普里阿摩斯的眼泪，得知儿子死在了阿喀琉斯手下之后，作为父亲的普里阿摩斯难掩悲伤，痛哭流涕地恳求阿喀琉斯归还儿子的尸体。

→ 电影《铁拳男人》（Cinderella Man）有一个非常精彩的片段，向我们展示了将隐藏在内心深处的、难以启齿的感受表达出来有多么重要。这个片段出现在电影的中间部分，当时电影的主人公、三个小孩的父亲，正经历一段经济非常困难的时期（他失业了，但是养活全家人需要不小的开支）。这一天，又一次应聘失败的他拖着疲惫的身躯回到了家。一进家门，女儿罗斯玛丽立刻迎了上来，然后开始滔滔不绝地向爸爸揭露哥哥的罪行，总结起来就是哥哥偷了一根萨拉米香肠，所以他是小偷。父亲走进房间，发现桌上确实放着一根香肠，妻子因为儿子犯下的过错而十分不安，儿子则耷拉着脸坐在角落里一言不发。父亲立刻陪儿子一起去了熟食店，归还了偷来的东西，道了歉，并做出赔偿。从店里出来以后，父子两个肩并肩地走在回家的路上。这时候，儿子才开口向父亲解释了自己偷东西的原因：他最好的朋友被父母送到了另一个国家去跟亲戚生活了，因为家里缺钱，养活不起这么多小孩。听了儿子的话，父亲突然明白，偷香肠其实只不过是孩子为了自己的家而做出的"笨拙"的尝试，他想通过这种方式让父母生活得更好一点，能坚持下去，不要像自己的朋友家一样，沦落到亲人离散的地步。想到这里，父亲立刻向儿子保证，无论将来发生什么事情，他们绝对不会抛弃他。此时，男孩终于放声大哭，把窝在心里的悲伤和恐惧一股脑儿地发泄了出来。

这是非常感人的一幕，因为我们看到一位父亲如何帮助儿子敞开心扉，把那些本来不知道该如何表达的情感，最终成功地分享给了自己的父亲。在面对某些复杂的情况时，下决心向爸爸妈妈求助其实并不是件容易的事，因为这会让你觉得像又回到了总是需要大人帮忙的小时候，而你更希望在遇到事情的时候可以试着自己搞定。但是请你记住，父母永远都是你安稳的港湾，在暴风雨来临时，如果需要，你总能在那里寻得庇护。

悲伤的缘由千千万

能让我们感到悲伤的原因有很多很多，有时候是一些重大变故，比如，背叛、遗弃或某个人的离世，但是也有的时候是一些日常小事，在其他人看来可能微不足道，然而却在我们心中激起了强烈而持久的痛楚。

球迷马可本来笃信意大利国家队一定能踢进2018年足球世界杯赛，但是最后事与愿违。劳拉的手机被偷了，对她来说失去的不仅仅是一部手机，还是她生命中非常重要的一个片段，因为存储在手机里的那些珍贵的照片、聊天记录和视频再也找不回来了，这令她备感难过。卢卡的眼泪则来源于希望的破灭，他本来信心满满要在区冰球锦标赛决赛中一展身手，结果却与冠军失之交臂。而隐藏在卡洛塔悲伤背后的，则是朋友的背叛：她最好的朋友在背后说她坏话，然后抛弃了她，转头就跟另一个女孩成了形影不离的朋友。

在这些例子中，虽然没有死亡和诀别，但是所有人都有所失去。他们心中的失望，就像一个无情的大浪，劈头盖脸地朝着他们打了过去，令他们感到无能为力，只能听天由命，任由生活里的各种事件将自己淹没。

预备……开跑吧，悲伤！

▶ → 影片《少年斯派维的奇异旅行》讲述的是一位少年在悲伤的河流里所走过的漫长旅程。主人公T.S. 斯派维酷爱科学，是一个颇有经验的小发明家，但是他一直生活在巨大的悲痛之中，因为有一天下午，他曾经目睹自己的双胞胎弟弟雷顿由于擦枪走火

第 1 章 悲 伤

而当场死亡。

从那一天起,家里的所有人似乎都被这个突如其来的打击"冰冻"起来了。每个人都被一种无法表达和无法与他人分享的悲伤紧紧地笼罩着,他们都在想方设法地逃避,不想再被这段回忆刺痛。T.S. 斯派维继续埋头搞发明,后来,他参加了一个享有盛誉的科学大赛,而且意外地赢得了比赛。接到邀请电话后,他决定独自去参加颁奖典礼。从蒙大拿州到华盛顿的这段旅程,实际上也是他自我疗愈的过程,他选择了用旅行的方式,来面对雷顿的死给他带来的痛苦,并重拾对自己生活的掌控权。因此,在整个旅途中,T.S. 斯派维一直不停地在内心的痛苦之门两侧穿梭。他认识了很多陌生人,有些虽然看起来怪怪的,但是也在不知不觉中给了他很多帮助。最后,他终于站在颁奖仪式的现场。

在评委们面前发言时,T.S. 斯派维决定敞开心扉,把多年前发生在家里的悲剧讲述给大家听,包括自从雷顿去世后一直笼罩着整个家庭的沉寂,以及那种无人能逃的、牢牢地掌控着一切的痛苦。在感情找到突破口以后,T.S. 斯派维一家(与此同时家里的其他人也都赶到了颁奖典礼现场）开始慢慢地从一度击溃他们的悲痛中走了出来，每位成员都握紧住手里的船舵，驾驶着生命之舟重新起航。

伟大的印象派画家埃德加·德加（Edgar Degas）在给友人亨利·胡厄（Henri Rouart）的信中曾经写道："如果树叶静止不动，树便会陷入无尽的悲伤，而它们的悲伤也将传递给我们。"在这句警句的背后，实际上暗藏着对我们的呼吁，呼吁我们当被悲伤笼罩时，一定要有所行动。

如何应对悲伤情绪

悲伤情绪的来袭会让人感觉很糟糕,有时甚至痛苦难耐。那么这时候该怎么办呢?下面我们就为你提供了五个实用的建议,帮助你应对悲伤情绪,不被它所困。

1. 想哭就哭,不要强忍泪水

科学研究表明,眼泪能刺激我们的身体产生一种具有放松作用的激素。大哭一场后,你很有可能会觉得有点累,但是也放松多了。此外,哭是别人能看得到的一种外化的情绪表达方式,因此,你的眼泪会促使身边的人来安慰你,或者做一些能让你开心的事情。不过,哭,或者不哭,应该听从内心的召唤,而不是见风使"泪",装模作样地把眼泪当作工具,也不能遇到任何事情都试图靠眼泪来解决。

2. 寻找盟友,共同对抗悲伤

你可以选择一位跟你合得来而且善于倾听的朋友

作为对抗悲伤的盟友。当悲伤来袭，如果能找到可以与之分享的人，将是一件非常美好的事情，你可以打电话过去聊一聊，或者发一条直截了当的求助短信："S.O.S. 我需要你。"如果尚未找到这样一位朋友，你可以留意一下你身边的人，最合适的人选也许近在眼前，比如，妈妈或爸爸、某位老师、某位教练……"没有人是一座孤岛"，请你一定牢记这一点。

3. 规律运动，排解悲伤的良方

规律的体育锻炼可以让你感觉自己更有活力。难过的时候，你可以尝试一些户外运动，比如，骑车、跑步、跟朋友踢一场球。这些都能帮助你转移注意力，感受到新的活力。

4. 做一些可以让自己开心的事

听自己最喜欢的音乐，看一部精彩的影片，洗个放松的热水澡，或者做一顿自己最爱的美食。换个新发型也是个不错的选择，可以帮助你换一个心情，迎接新的开始。

5. 试着微笑

在难过的时候试着微笑，这肯定不是件容易的事，但是研究表明，笑得更多的人更容易形成积极正向的思维，而且也能更多地体验到可以同时给自己和他人都带来幸福感的关系和情感。

因此，请开始你的微笑练习吧！刚开始的时候，你可能会觉得这像一种强制性的训练，但是之后你就会发现，微笑确实能让你感觉更好，而且你已经离不开这种解药了。正如成人文学及儿童文学作家路易斯·塞普尔维达（Luis Sepúlveda）所言，一扇紧闭的门是没有用处的，因为悲伤会被困在门里，快乐则被拦在门外。所以，让我们学着成为可以随时打开的门吧，唯有如此，每当成长的道路被泪水沾湿，我们才能尽快重拾微笑，重新启程。

第 2 章

恐　惧

恐惧创造敌人，敌人创造防御，防御创造袭击。你会变得狂暴，你会时刻戒备，你将与所有人为敌。这一点你必须要明白：如果你感到恐惧，那么你就在与所有人为敌。

——印度灵性大师奥修（Osho Rajneesh）

小测试

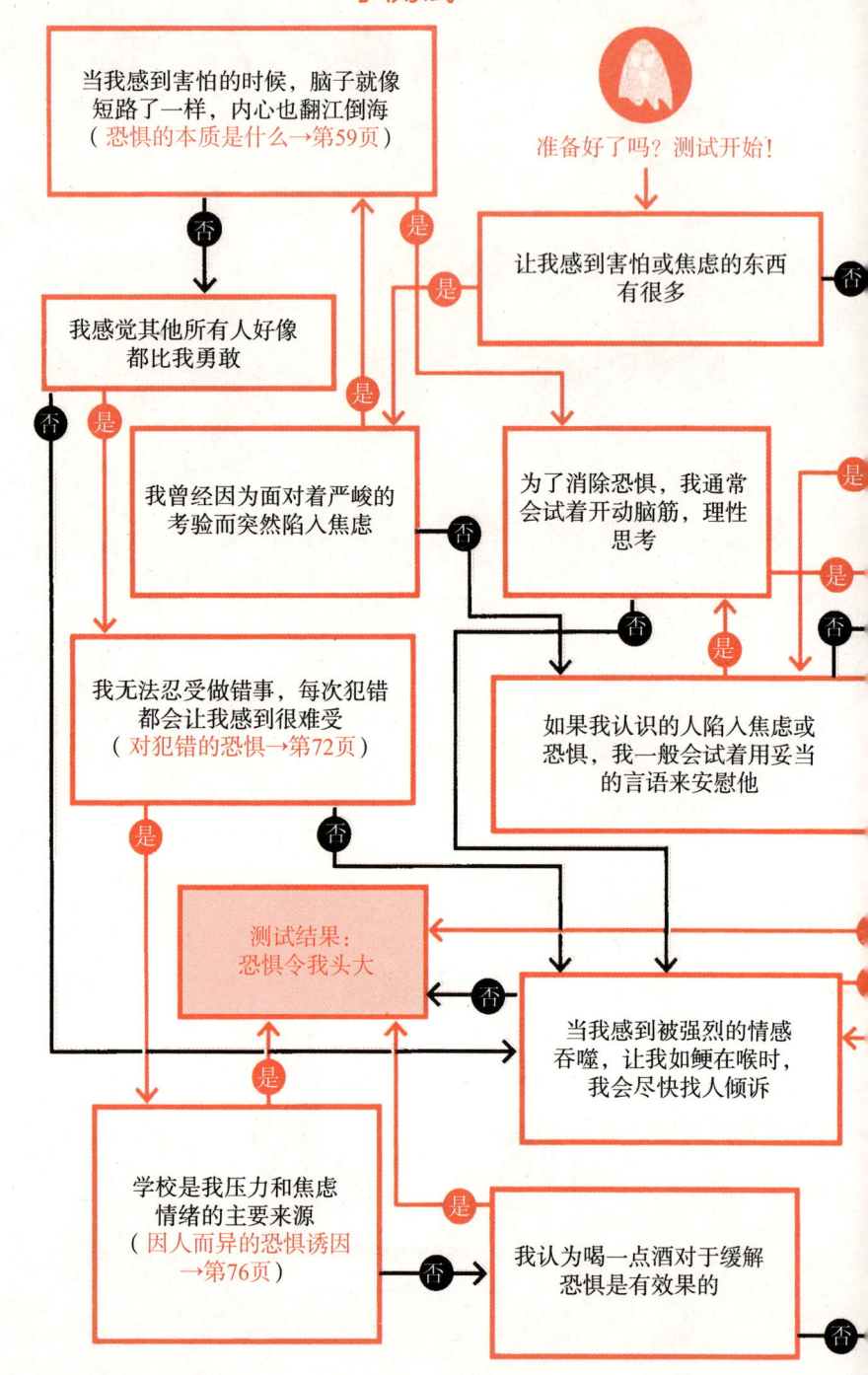

准备好了吗？测试开始！

- 当我感到害怕的时候，脑子就像短路了一样，内心也翻江倒海（恐惧的本质是什么→第59页）
- 让我感到害怕或焦虑的东西有很多
- 我感觉其他所有人好像都比我勇敢
- 我曾经因为面对着严峻的考验而突然陷入焦虑
- 为了消除恐惧，我通常会试着开动脑筋，理性思考
- 我无法忍受做错事，每次犯错都会让我感到很难受（对犯错的恐惧→第72页）
- 如果我认识的人陷入焦虑或恐惧，我一般会试着用妥当的言语来安慰他
- 当我感到被强烈的情感吞噬，让我如鲠在喉时，我会尽快找人倾诉
- 学校是我压力和焦虑情绪的主要来源（因人而异的恐惧诱因→第76页）
- 我认为喝一点酒对于缓解恐惧是有效果的

测试结果：恐惧令我头大

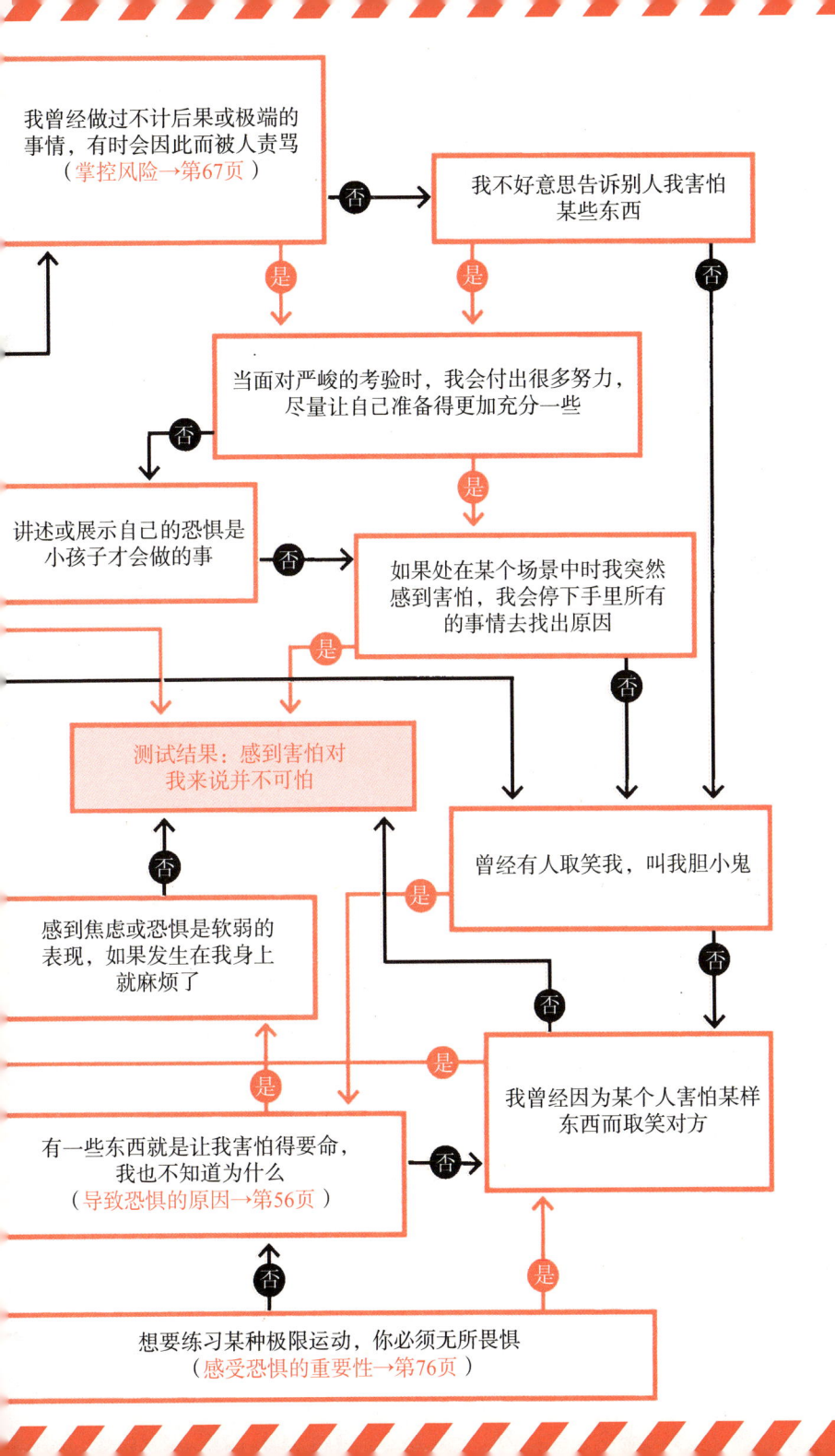

```
                                    ┌─────────────────────────┐
┌──────────────────────────┐        │ 我不好意思告诉别人我害怕 │
│ 我曾经做过不计后果或极端的│──否──▶│      某些东西           │
│ 事情,有时会因此而被人责骂│        └─────────────────────────┘
│  (掌控风险→第67页)      │
└──────────────────────────┘
         │是                    │是                           │否
         ▼                      ▼                             │
              ┌──────────────────────────────────────┐        │
              │ 当面对严峻的考验时,我会付出很多努力, │        │
              │ 尽量让自己准备得更加充分一些         │        │
              └──────────────────────────────────────┘        │
                     │否              │是                     │
                     ▼                ▼                       │
┌──────────────────┐      ┌──────────────────────────────┐    │
│ 讲述或展示自己的 │──否─▶│ 如果处在某个场景中时我突然   │    │
│ 恐惧是小孩子才会 │      │ 感到害怕,我会停下手里所有的 │    │
│ 做的事           │      │ 事情去找出原因               │    │
└──────────────────┘      └──────────────────────────────┘    │
         │是                         │否                      │
         ▼                           ▼                        ▼
┌──────────────────────┐      ┌──────────────────────────────┐
│ 测试结果:感到害怕对 │◀─是─│ 曾经有人取笑我,叫我胆小鬼    │
│ 我来说并不可怕       │      └──────────────────────────────┘
└──────────────────────┘                  │否
         ▲是                               ▼
┌──────────────────────┐      ┌──────────────────────────────┐
│ 感到焦虑或恐惧是软弱 │──否─│                              │
│ 的表现,如果发生在我 │      │ 我曾经因为某个人害怕某样     │
│ 身上就麻烦了         │      │ 东西而取笑对方               │
└──────────────────────┘      │                              │
         │是                    └──────────────────────────────┘
         ▼                                 ▲是
┌──────────────────────────┐                │
│ 有一些东西就是让我害怕得 │──否────────────┘
│ 要命,我也不知道为什么   │
│  (导致恐惧的原因→第56页)│
└──────────────────────────┘
         ▲否
┌────────────────────────────────────────────┐
│ 想要练习某种极限运动,你必须无所畏惧       │
│  (感受恐惧的重要性→第76页)               │
└────────────────────────────────────────────┘
```

测试结果

你的类型：恐惧令我头大

你似乎很讨厌胆小鬼，甚至更讨厌自己也是胆小鬼的感觉，但是命运好像很喜欢跟你玩恶作剧，因为恐惧时常找上门来，给你致命的一击。你会陷入焦虑，有时候焦虑甚至会转变成严重的恐慌，你无论怎么努力都很难挣脱。所幸类似的状况不会一直出现，但是你有时会试图压制内心的这种感受。你试图堵住耳朵，但是内心的声音仍然都能听到。如果世界上存在一种能让这种感受瞬间消失的魔法棒，不论花多少钱，你都一定会毫不犹豫地将它买下，可惜到现在为止你在所有的网站上都找不到这种产品。勇敢一点吧！你要知道，所有人都有自己害怕的东西，包括那些从不将自己的恐惧表现出来的人。想要瓦解恐惧的破坏力，唯一的策略就是正视它，勇敢地面对它。你可以邀请一个信得过的人，一起阅读我们后面提供的建议，然后选择一个具体的行动，开启驯服恐惧的旅程。祝愿雄狮般的勇气伴你左右。

你的类型：感到害怕对我来说并不可怕

每个人都会感到害怕，你也不例外。有一些东西所带给你的恐惧要多于其他东西。有时候你发现对于别人来说很容易搞定的事情，到了你这里却会激起焦虑和担忧，处理起来也很费劲，这种体验让你会感觉有点迷茫。不过，好消息是你并不会被这种情绪束缚住手脚。为了应对恐惧，你做过功课，也取得了一些成效。你明白，想要变得强大，你必须得跟自己的焦虑情绪和谐共处、携手前行，而且很可能这一生都得如此。你也知道，在感到恐惧或焦虑时，跟别人交流是很有用的。你发现，当你把自己的恐惧讲述给另一个人听的时候，对方常常也会向你坦言他们的焦虑，这样一来你就会感觉自己没有那么孤独。你喜欢鼓励别人，或者说你喜欢尝试这么去做。请继续保持，并努力驯服那些你控制起来仍然有难度的恐惧。如果有的话，你可以选出一个，尝试寻找新的应对策略。

我的 6 个情绪朋友

小故事

惊心动魄的一天

我本来不想跟彼得罗一起出去的。我跟父母说得很清楚：他这个人太夸张了，你永远都不知道他到底是在演戏还是认真的。我早就预感到昨天早上不应该跟他一起去滑雪，但是彼得罗的爸爸跟我爸爸是无比要好的朋友，准确地说，他爸爸是我爸爸的老板；而且我和彼得罗同岁，在同一所学校读书，又碰巧分到了同一个班级，因此所有人都想当然地觉得我跟他应该是形影不离的好朋友。但是对我来说并非如此，我常常被迫接受他的决定，不得不跟着他去做他想做的事情。这次他做了一个非常大胆的决定，而我也卷入了其中。

此时白色假期[1]已经过去了好几天，我们这里的

---

[1] 白色假期指意大利每年一度的滑雪假期，一般持续一周左右。——译者注

滑雪道非常漂亮。我得承认，跟着彼得罗有时确实能玩得比较尽兴，但是他实在是太鲁莽了。现在他已经开始玩单板滑雪了，可我还是更喜欢高山滑雪。这里有一道斜坡是我们轻易不敢尝试的，父亲曾经叮嘱，如果他不在场，千万不能去冒险，这条雪道就是我的禁道。禁道不仅漫长而险峻，而且天气转暖后，发生雪崩的概率还非常高。今天早上爸爸有点发烧，父母让我和彼得罗单独出门了。一上雪道，彼得罗立刻开始做各种高难度的动作，就像在参加意大利达人秀[1]似的。接近11：00的时候，他指了指禁道，示意我跟他一起去。"不，禁道不行。"我立刻拒绝道，"你知道的，我爸爸说过，他不在场我不能去滑禁道。"但是他根本不听，还没等我说出下一句劝诫他的话，他已经一个加速从禁道滑了下去。"我怎么办？"我自言自语道。我要不要跟他一起去？就这么想着，我也滑了下去。但是刚刚滑出几米，我就开始有一种奇怪的感觉，这种感觉先是出现在腹部，然后又转移到了腿上。爸爸不陪在身边的时候，我从来都没有自己

---

1 意大利达人秀指意大利的一档真人综艺选秀节目。——译者注

第 2 章 恐 惧

滑过禁道，我能想象得出如果现在所发生的事情让爸爸知道了他会有多生气。更严重的问题是，短短几秒过后，我就看不见彼得罗了。我不知道他在哪里，于是开始用尽全身的力气大声喊他的名字。他肯定是离开了规定的赛道，跑去赛道外的区域探险了。彼得罗不见踪影，我也放慢了速度。滑了一会儿，我停下来环视四周。就在这时，我看到几米外的一面雪墙轰然倒塌，瞬间吞噬了周围的一切！我倒是没有什么危险，但是在赛道外的区域滑雪的人很有可能被埋在雪下。一种此生从未有过的恐惧逐渐涌上了我的心头。

我一边哭，一边大声喊着彼得罗的名字。我像呆住了一样，愣在了滑雪道上，不知道该去哪里，也不知道该做点什么。我知道我必须得把现在所发生的事情告诉爸爸，但是与此同时我又很怕他会跟我发火，会狠狠地惩罚我。

在我做思想斗争的同时，从四面八方赶来的滑雪车已经出现在了雪道上。来救援的人并不清楚是否有人被埋在雪下，只能盲目地驶向雪崩的方向。民防部的一位先生走了过来，注意到了正在一边颤抖一边哭泣的我。"怎么了？你看起来并没有受伤，发生什么事了？"他问道。于是，我向他解释说我找不到我的朋友了，他很有可能被埋在了雪下，我不知道该怎么办。"你有没有大人可以通知？"那位先生匆忙问道。"有，我爸爸……"话音未落，我的手机突然响了起来，电话正是爸爸打来的。"我听说禁道上发生雪崩了……你们现在在哪儿？"听到爸爸的声音，我忍不住大哭起来，"彼得罗，禁道，雪道之外，单板，雪崩……"我语无伦次地胡乱说着，爸爸越是试着让我不要急、慢慢说，我反而越发失控。后来，民防员听得实在着急，干脆接过我的手机，由他来向爸爸解释事情的经过……我能感觉到爸爸的情绪有多激动,然而,就在此时,彼得罗的声音突然从我们身后传了过来:"哇哦!你们看到刚才的雪崩有多吓人吗?我险些没能躲过去!你刚才在哪儿呢,蜗牛妹?"民防员瞪大了眼睛吃惊地问我:"他就是彼得罗?"我含着泪点了点头。他拿起电话,把最新的情况告诉了爸爸,然后把手机递给了我。随后,他摇了摇头,转身离开了。我把手机凑到耳边,电话那头,爸爸只说了四个字:"立刻回家。"我不打算告诉你们我和彼得罗度过了怎样的一个下午!不说别的,我爸爸对老板的儿子的信任或多或少肯定打了折扣。我的恐惧还没有完全消退。晚上,我怎么都睡不着,只要眼睛一闭起来,雪墙崩塌、彼得罗被雪掩埋的画面就立刻浮现在我眼前……

恐惧是什么

恐惧：对抗危险的利器

我们人类所具备的所有基本情绪中，恐惧是最古老、最强烈的情绪之一。如果说情绪确实对我们的生存意义重大，能够帮助我们活得更好，那么当原始人每次离开山洞出去打猎时，很有可能也非常依赖恐惧，才能既收获猎物、吃上美味的烤肉，也能虎口脱险、保全性命。

你可以试着想象一下当时的画面：我们的祖先走出他们所生活的山洞，小心翼翼地在周围的区域侦察着，手里握着长矛和锋利的石头。他们所拥有的用来杀死猎物的工具极其有限，除了这类原始的工具，就是他们的第六感。对这些远古的狩猎者来说，第六感至关重要，因为想要袭击野兽（而不是被野兽袭击），他们必须学会动用所有感官来"感受"那些看不见的、不会发出任何动静的威胁，同时注意自我保护，不让

第 2 章　恐　惧

对方发现自己的行踪。他们知道有东西藏在那里，就在附近，但是这神秘的敌人到底是谁？他们对此一无所知，只能把神经绷到最紧，冒着被攻击的风险去揭开敌人的真正面目。那时候还没有望远镜，没有可以远距离射击的猎枪，也没有任何可以从远处瞄准猎物的工具。成功将猎物带回家的唯一可行之计，就是在野兽发动攻击之前，率先出手将野兽打倒。

从这个角度来说，恐惧就像我们与生俱来的一种雷达，能让我们看到隐形的东西，听到轻微的声音。事实上，小时候玩捉迷藏的时候，你肯定也体会过我们祖先捕猎时的感受，虽然没有这么强烈，但是十分相似。当蜷缩在狭小空间里的你听到有人正朝你这边走来时，你的心脏立刻怦怦地跳了起来，声音之大简直令你感到诧异。当看到小伙伴的脚都快碰到你了，你的心也提到了嗓子眼，但是后来他转了一圈又走了出去，并没有找到你，在这个过程中你一定被一种奇怪的兴奋感所包围。因此，这种与生俱来的情绪，是进化赋予我们人类的礼物。在多种不同的情况下，恐惧情绪都有可能被触发，最重要的触发原因如下所述。

1. 激烈的生理刺激，如疼痛或突如其来的巨响声

2018年发生在意大利伦巴第上空的事件就是一个很好的例子。一天早上，法国航空公司的一架飞机突然跟控制塔失去了联系，在未通知地面的情况下飞机擅自改变了航线。这种情况立刻让人联想到这可能是一起劫机事件。为了尽快干预，避免任何可能的风险，两架军用战斗机立刻奉命起飞。为了以最快的速度抵达出问题的飞机所在的位置，极速飞行的战斗机突破了音障，发出了一声巨响，传遍了整个伦巴第甚至更远的地方。这引起了大范围的恐慌，成千上万个电话打到问询台，人们惊恐万分，急切地询问他们所听到的爆炸声到底是怎么回事。

2. 陌生人或陌生的环境

设想你走在空旷的大街上或者离家很远的某个地方，走着走着，你突然听到身后不远处好像有脚步声，你很有可能开始害怕，因为你觉得身后的人可能对你造成威胁。这种感觉会让你不自觉地加大步幅或者拿出手机开始跟某个人打电话。

3. 危险或令人不安的境况

比如，你正在山里徒步，山上的小径突然变得很

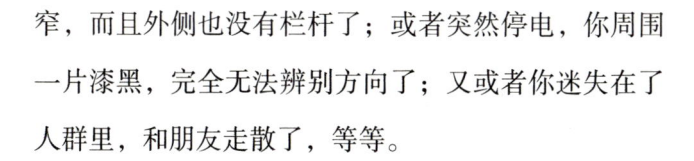

窄，而且外侧也没有栏杆了；或者突然停电，你周围一片漆黑，完全无法辨别方向了；又或者你迷失在了人群里，和朋友走散了，等等。

> **惊恐发作** 指的是突如其来的一种极其紧张的状态，一般会伴随着非常不适的生理症状。这会触发当事人强烈的恐惧，他们会害怕自己病重，甚至怕自己濒临死亡（如胸痛、呼吸困难等症状会引起这种错觉）。惊恐是一种创伤性的体验，它所引发的剧烈反应会令当事人和目击者都十分害怕，但是一般来说并没有太大的危险。

4.习得性的恐惧

如果你在做某件事情的时候曾经感受到巨大的恐惧，那么之后你再遇到类似的情况，即便事情本身没有任何危险，也很有可能会触发你非常强烈的情绪反应。比如，你曾经被困在过电梯里面，虽然再次被困的概率极小，但是你再乘电梯的时候依然会感到心有余悸。

焦虑 一种会引发紧张和担忧的情绪状态。焦虑会让人觉得未来充满了不确定性，对未来充满恐惧。焦虑情绪往往伴随着身体上的紧张感，如颤抖、出汗过多和心跳加速。经常陷入焦虑状态会让人备受折磨，难以做出任何决定。不过，可控范围内的适度焦虑反而是我们的绝佳盟友，能在我们面临具有挑战性的测试或考验时助我们一臂之力。

恐惧有哪些表现

心脏剧烈跳动

恐惧的表现是什么？ 首先是剧烈加速、近乎失控的心跳。你可能要问，为什么恐惧来袭时，我们的心脏会做出这种反应呢？这是因为你所面临的危险，有可能对你造成伤害，甚至威胁你的生命，心脏要帮你的身体做好准备，让你能够去完成一系列的避险动作。恐惧，实际上是在帮助你做好逃跑的准备。所以你的心脏会加速跳动，将更多的血液泵到你身体的各个部位，保证你的肌肉可以随时带动整个身体高速冲刺，将可能对你造成伤害的威胁远远地抛在身后。可以说，心脏是在做一项"费力不讨好"的工作，它如此的重要，但同时又很容易令人讨厌。因为只有当你确实开始奔跑，血液输送到肌肉中的氧气开始大量消耗时，心跳加速才是有意义的。相反，如果你没跑，而是停在原地一动也没动呢？这时候情况就会变得复杂起来。因为突然之间心脏所做的所有额外的工作都变得毫无用处，反而只能给你带来困扰。心跳加速等一系列的信号传至大脑后，会被大脑理解为"红色警报"，大脑意识到危险逼近，但是事实上这些信号并没有真的促使你开启逃跑模式。

除了心跳加速，恐惧还会使你的面容发生改变。如果你突然被吓了一跳，你会张大嘴巴，瞪大眼睛，你内心的恐惧会通过你的面部表情传达出来。挪威艺术家爱德华·蒙克（Edvard Munch）在一篇日记中讲述了他最著名的画作《呐喊》的诞生过程："傍晚，我和两位朋友走在大街上。太阳西沉，天空突然被染成了鲜艳的血红色。我停下脚步，倚靠在路边的栏杆上，感觉累得要命。一瞬间，蓝黑色的峡湾和城市上方，仿佛被鲜血和火舌笼罩。我的两位朋友仍在继续前进，而我却被不可名状的恐惧包围，停在原地瑟瑟发抖，仿佛听到一声尖锐的呐喊，刺破了整个世界的寂静。"这幅画的前景中，画家以非常虚幻的笔法描绘了一个男子，他的头上没有头发，形状让人联想到骷髅，呆滞的眼睛里充满了恐惧，鼻子几乎看不见，而嘴巴则是整个画面的焦点。就是从这个椭圆形的嘴

第 2 章 恐 惧

巴里，发出了那声尖叫——让整个世界都为之颤抖的尖叫。画面中景物的形状动荡而恐怖，仿佛是在声波的冲击之下变了形。即便我们不具备艺术家这种夸张的想象力，我们的身体也会如实地将内心的恐惧展现出来。为了应对让我们害怕的事物，我们身体的每一个部分都会被调动起来，而我们的面部也会流露出这种情绪。

身体上的其他反应

请你试着想象这样一个具体的场景：数学课堂提问马上开始，数学是你向来最害怕的科目。昨天你连书都没翻开过，这一周你也完全没有复习。而她——全校最令人敬畏的老师——挥舞着点名册走进了教室，就像古代的十字军战士挥舞着他们的利剑。她用手指在点名册上前前后后、上上下下地移动着。你在名单的中间位置，因为你的姓氏以"M"开头，而名单一般都是按照字母顺序排列的。她不时地将目光从点名册上抬起，投向班里的同学。每当你看到她的手指移动到点名册中间的区域时，你就会感觉心里"咯噔"一下。当她抬起头，开始一一审视你们的时候，这种感觉就会变得更加强烈。而每当她朝你的位置看过来时，你的脑子立刻一片空白，心脏也似乎要从胸腔里跳出来。这就是恐惧，纯粹的恐惧。在这个时候，你的老师虽然不是游荡在丛林里能随时置狩猎者于死地的野兽，但是对你的大脑来说，她的"杀伤力"却跟野兽一个级别。事实上，你仔细想了想，这几天，爸爸看到你在游戏机前花了很多时间，他因此警告你，如果再拿一个不及格回家，他肯定会让你无路可逃。至少从隐喻的角度，这算不算是一种死亡威胁呢？虽然你生物意义上的生存并没有受到威胁，但是社会意义上的生存却面临危机。每当爸爸因为你学习不用功而发火时，家里必定硝烟四起……至于惩罚的细节，还是不要说出来为好。

无论如何，有一件事情是确定的：刚才的例子中数学老师所引发的这类恐惧，可以使我们机体中预设的逃跑装置短路。因为就算你的身体准备以飞一般的速度启动，像奥运赛场上的尤塞恩·博尔特（Usain Bolt）一样，但事实是你必须得老老实实地坐在座位上，双腿被卡在课桌下面。此时你体验的，正是恐惧在我们体内所触发的第二种反应。因为有的时候我们

第 2 章 恐 惧

确实不能逃跑，这种情况下唯一能做的就是一动不动地僵在原地，像冰箱冷冻室里冻住的冰块，坚如磐石。看到你岿然不动的样子，你的老师可能会认为这个男孩既然如此镇定，或许对所学知识已经掌握得很好了，那就不需要再提问了。

于是，这种由恐惧而引起的僵化，就帮助你幸运地躲过了一次你根本没有做好准备的提问。

这种情况在动物王国里也时常发生。当感觉到有猛兽正在靠近时，猎物必须在极短的时间内决定该选择哪一种由恐惧所激发出来的反应。第一种当然是逃跑，比如，看到母狮逼近，瞪羚也许会立刻开始狂奔。瞪羚体型轻巧、反应灵敏，它可以利用这一优势，在速度比拼中更胜一筹，让它的捕猎者目瞪口呆。第二种反应则是僵在原地，比如，同样是面对母狮，瞪羚也可以选择像雕像似的一动不动地站在原地，避免以任何方式挑起或招致对方的攻击。事实上，如果母狮肚子不饿，而瞪羚也完全没有激起它与之一较高下的欲望，那么这只猫科动物有可能失去兴趣，转身离开。第三种反应则是假死：猎物会失去知觉，倒地不起。我们人类在遇到极其恐怖的事物时也可能出现类似的反应，比如，昏倒在地，这是在面对令人极度不安的东西时，我们的身体所采取的一种极端的防御方式。因为眼睛一闭，威胁自然可以从视线中消除。

总而言之，对待恐惧可能的反应方式共三种：

- 逃跑。前提是我们认为有能力逃离对我们造成威胁的事物，从而成功脱险。
- 僵在威胁袭来的现场，一动不动，等待危险过去。
- 出于自我保护而昏厥，从而防止恐惧情绪给我们造成过强的冲击。

让我们看看捉迷藏的例子。如果你觉得你有能力脱身，不被寻找者抓住，那么你可以选择从藏身之处出逃，获得自由；相反，如果你感觉寻找者离你太近，一旦出去很容易就会被抓住，那么你最好就一动不动、一声不吭地待在原地，祈祷对方不要看到你。

欢迎来到恐惧学堂

从儿时起就常伴我们左右的恐惧，是我们从祖先那里继承而来的本能，因此我们别无选择，只能学会应对。事实上，小时候所听的童话故事，就是能够帮助我们熟悉这些恐惧的完美"健身房"。当一位小朋

第 2 章 恐 惧

友第一次听到《小红帽》的故事时,你能想象这位小读者经历了多少围绕恐惧情绪而进行的训练吗?他跟着小红帽走进了森林,森林里藏着大灰狼。大灰狼后来去了奶奶家,吃掉了奶奶,并准备用同样的方式吃掉可怜的小红帽。跟这个故事邂逅的小读者听到这里心里一定五味杂陈。不过,随后他发现,幸运的是,猎人出现了。最后,小读者终于可以安心地入睡了,因为故事的最后……所有人都过上了幸福快乐的生活。很多青少年痴迷于看恐怖片,事实上,从本质上来说,恐怖片跟小时候爸爸妈妈讲给我们听的这些童话故事有很多相似之处。比如,恐怖片里也有坏人,他会做一些非常可怕的事情,尤其是在你最意想不到的时候。与此同时,里面也一定有好人,坏人的真面目最终会被好人揭开。

不过,并非所有的成年人都是优秀的教练,他们有时候可能不知道如何教会孩子去正确地面对、识别、经历并最终克服恐惧。我们在上一个章节中所讲到的关于悲伤的认知,大部分同样也适用于恐惧情绪。令人感到震惊的是,有相当多的男性向我们证实,小时候每当他们感到害怕时,大人们就会告诫他们不可以这样，因为感到害怕的人都是胆小鬼，懦弱的人就像"娘们儿"（这又是我们前面说过的 性别刻板印象）。因此，很多男性在成长过程中一直都在否定对这种情绪的感知。在遭遇险境时，恐惧情绪本应该被感受到，从而保证我们的安全，但是由于一直被否定、被压抑，它已经无法正常地发挥作用。

在本章开头的故事中，主人公对于很多情况都感到害怕，正因为她能倾听内心的情绪，所以才成功地避免了不少麻烦。相反，彼得罗则是不知恐惧为何物的人。这种性格让他暴露于巨大的风险之下，对此他自己完全预见不到，因此也就无法事先预防。而这会让他付出高昂的代价。即便客观事实摆在他面前，他依然认识不到危险所在。当所有人都在为他的生命安全担忧的时候，他嬉皮笑脸地出现在了大家面前，甚至还因为刚刚发生的雪崩事件而感到相当兴奋。这实际上是不负责任的表现。遗憾的是，这样的人非常多，他们在成长过程中没有以恰当的方式跟恐惧情绪建立起健康的关系，因此更容易面临风险，生命安全所受到的威胁也更大。

冒险是我的看家本领：不要盲目迷信

"冒险是我的看家本领。"生活中那些看起来无所畏惧的人很喜欢把这句口号挂在嘴边。面对他们的惊险表演，许多人都目瞪口呆，但是很少有人知道，这种"掌控风险和危险"的能力，实际上是不断训练的结果，训练的过程不仅极其漫长，而且需要在专业水平极高的教练和专家的监督指导下完成。

▶ →《云中行走》(The Walk)讲述的是一个令人难以置信的真实故事。1974年，法国杂技表演家菲利普·珀蒂（Philippe Petit）挑战在美国纽约的双子塔之间走钢索，钢索距离地面400多米，而他决定要在没有任何保护措施的情况下完成挑战。珀蒂先是在他的几位朋友的面前完成了这个令人咋舌的表演，然后又当着全世界观众的面创造了奇迹。他的疯狂和肆无忌惮，让所有人都屏住呼吸，为他捏了一把冷汗。但是珀蒂并不是一个疯子，他不想失败，更不想丧命。他从小就开始练习走钢索，经验极其丰富；他不恐高，平衡能力超强，也了解自己的抗压能力。因此，他能挑战成功，是多年学习和训练的结果。危险和意外当然是无法绝对避免的，但是珀蒂也没有过于恐慌，因为他有足够强大的实力，所以内心有充足的底气和安全感。

你有没有看过世界摩托车锦标赛？车手们驾驶着摩托车尽情驰骋，让人觉得似乎毫不费力，只需要有足够的胆量，任何人都可以驶上赛道。他们仿佛根本不把危险放在眼里，也根本不知道害怕是什么。但是事实并非如此。赛车手在赛场上的每一个动作都是艰苦训练的成果，靠着这些精准的训练，他们才能将比赛过程中的每一个变量都牢牢地控制在自己手里，不把任何细节留给偶然。他们所做的事情的确"令人害怕"，但是他们之所以敢这么做，是因为他们已经掌握了非常顶尖的技能，有能力应对工作中可能遇到的风险。这与很多玩摩托的鲁莽年轻人有着本质区别，他们藐视一切危险，盲目地创造一些极端的动作，以为自己是在效仿瓦伦蒂诺·罗西（Valentino Rossi）[1]或

---

[1] 意大利退役职业摩托车赛车手，曾多次获得世界摩托车锦标赛世界冠军。——译者注

第 2 章　恐　惧

豪尔赫·洛伦佐（Jorge Lorenzo）[1]，殊不知，这样的行为看起来似乎是对实力的完美展示，却也将自己的无能和不负责任暴露无遗，甚至带来超出他们承受范围的风险。

豪尔赫·洛伦佐2013赛季的私人教练安东尼奥·卡西尼（Antonio Cascini）曾在某次采访中坦言："对顶级车手的训练绝对是一项艰巨的任务。比如，你必须得杜绝肌肉重量的增长，因为即便只增加一千克，对于摩托车的制动、加速、油耗乃至轮胎等方面的性能都会产生显著的负面影响。我们需要做的是，根据比赛的安排，在必要的时间段内通过对肌肉的训练来增强力量。每位车手对训练的反应各不相同，因此必须针对骑车过程中用到最多的肌肉群，为他们制定个性化方案。除了肌肉，平衡能力、眼力、在压力下保持专注的能力也都在训练范围之内。"

因此，从一方面来说，勇气和坚强的意志力无疑是这些运动员的一个显著优势；从另一方面来说，恐

1　豪尔赫是西班牙语中该男子名字的发音，他是西班牙退役世界摩托车锦标赛车手，3岁就打破小型方程式比赛纪录，多次获得世界冠军并打破世界纪录。——译者注

惧对他们来说也至关重要。因为经过日复一日健康而持续的训练，他们内心的恐惧已经被培养成无比重要的动力来源，支撑着运动员们经受魔鬼般的训练，坚持无比自律的生活方式（比如，坚决不喝任何含酒精的饮料），从而最大限度地将其专业技能、注意力和专注力保持在最佳水平。

重视恐惧警报

与清醒而自律的运动员们相反，许多未成年人的生活中不仅需要多一点恐惧，而且更应该多一份责任感。因为在遇到挑战时，他们本应尽全力保持头脑清醒，将技能发挥到极致，但是在这种情况之下，有人偏偏要选择服用酒精或精神类药物，从而干扰大脑功能、改变神经活动，对情绪和感受造成影响。

马蒂尔德就曾经亲自尝到过对情况判断错误的苦果。15岁那年，有一天晚上，派对结束后，一位朋友的哥哥说可以顺路送她回家，马蒂尔德没有推辞，跟着朋友一起上了车。然而，一坐进车里她就发现这个男孩好像喝了不少啤酒，他虽然没有完全醉，但是异常兴奋。朋友和马蒂尔德担心地看着他，而他

第 2 章 恐 惧

却一直扯着嗓子放声唱歌。马蒂尔德内心的直觉告诉她应该尽快离开这辆车,她很后悔刚才上车后没有立刻下去,因为她明明意识到了自己所冒的风险,但是现在已经太晚了。看到朋友什么都没说,而且很快就要到家了,马蒂尔德咬了咬牙,将自己的恐惧默默地咽回了肚子里,而这却成了一个让她日后不停地感到后悔的错误。一辆汽车突然挤入他们所在的车道,但是开车的人在最后一刻才意识到,慌乱之中,为了避免撞车,他只能猛转方向盘,导致车子撞到了一棵树上。马蒂尔德胳膊骨折了,她的朋友和朋友的哥哥也都有轻微的擦伤,但是保险公司拒绝给出任何赔付,因为急诊医生在司机的血液中发现了酒精超标。车上的每个人都接受了审讯和分析,马蒂尔德的父母也对她进行了长达数月的惩罚。但是跟他们所经历的危险相比,这些都算不了什么。因为这场车祸完全有可能造成更严重的后果,当时车子只差一点就冲出马路边缘,如果是这样的话,车里任何一个人都将失去活下来的可能。马蒂尔德意识到,自己所感受到的恐惧明明就是最好的告警信号,没有听从内心恐惧的声音是多么严重的错误,她将永远不会忘记这个教训。

恐惧的颜色

该如何把恐惧在画面上呈现出来呢？我们可以根据所感受到的恐惧的强烈程度，试着用不同的颜色来表现不同程度的恐惧。比如，当一只小昆虫飞到眼前时，我们会感觉有点不舒服，这种体验我们可以用浅粉色这类柔和的色调来表示；相反，对于强烈的惊恐，如地震给人带来的惊慌之感，我们则可以选用深紫色这类浓烈的颜色。在这两个极端之间，我们再选用不同颜色的深浅变化来描绘不同程度的恐惧，包括疑虑、不安、焦虑、苦恼和恐惧。

触发恐惧情绪的既可以是此时此刻我们正在经历的事情，也有可能是现在尚未出现，但是将来有可能会发生，而且在我们看来是具有威胁性的事物，后者我们称为预期性恐惧或预防性恐惧。

不过，还有一类人，他们从来都不会感到恐惧，从不倾听恐惧的声音，因此恐惧也就对他们产生不了任何影响。这样一来，他们意识不到某些行为背后所隐藏的危险，就像滑起雪来肆无忌惮的彼得罗，最终很容易陷入难以控制的艰难处境。

害怕犯错是另一种非常普遍的恐惧情绪。但是我

第 2 章 恐 惧

们要明白，生活中犯错是不可避免的，只有学会与错误和平共处，我们才能更平静、更从容地生活。高一的时候，莉迪亚完全不能接受失败，因为在这之前，她的学业和运动生涯向来顺风顺水。初中的时候，她一直是班级里的第一名，体育成绩也名列前茅，卧室的柜子里奖杯和奖牌多得几乎放不下。然而，升入高中后，莉迪亚陷入了危机。有一天，因为随堂测试完成得太差，语文老师把作业本退还给了她，"很抱歉，莉迪亚，我给了你不及格。因为你完全跑题了，你根本就没理解题目要求你做什么。相信你下次会做得更好。"然而，下一次测试到来时，面对新的主题和提纲，莉迪亚却像"冻僵"了似的愣在了那里。她完全没有办法思考现在该做什么，因为她的大脑一直把她带回到几个星期前，带回到那份完成得一塌糊涂的作业。据莉迪亚自己讲述，她坐在那里，经历了人生中最煎熬的两小时。她一个字也写不出来，然后开始呼吸困难。最后，她请求去洗手间，并且躲在里面打了电话让妈妈来接她回家。她真的太难受了。医生说莉迪亚是惊恐发作。为什么？因为她害怕又一次在考试中失败。莉迪亚从来没经历过挫折，她完全不能适应从错误中学习。因为在这之前,她生活中的一切都那么顺利,以至于她根本没有想到过有一天自己会被语文老师批评。以前她从来都不知道,原来并不是所有的甜甜圈做出来都又圆又漂亮,有时候也必须得接受挫折和失败的体验。

> **恐惧症(Phobia)** 针对某种实际上并没有什么危险的事物所产生的持续性的、非理性的恐惧。比如,害怕封闭的空间,害怕猫或狂风等。恐惧症对我们并没有什么帮助,相反,每次触发时,它都会让我们陷入一种过分惊恐的艰难状态。如果你感觉自己对某种事物确实有过度恐惧的倾向,而且你知道触发这种恐惧的是什么,在这种情况下,你需要向专业人士寻求帮助,对症下药,让自己处于更好的状态。

犯错误是很正常的,尤其对于年轻人来说更是如此,重要的是要学会从错误中学习,吃一堑、长一智。而在莉迪亚原本的认知中根本就不存在错误和失

第 2 章 恐 惧

败这两个概念，因此她会有"表现焦虑"（Performance Anxiety，也称"表演焦虑"）的症状，这与恐惧情绪，尤其是对失败和犯错的恐惧密切相关。

大量调查表明，焦虑有时确实会引发真正意义上的恐慌，而这个问题在近几年正困扰着越来越多的男孩和女孩。

当某一次失败摆在你面前时，你也曾经感到难以理解和难以接受。但是我们要知道，学会接纳失败，跟拥有求胜的欲望和意志是同样重要的，因为或早或迟，每个人的一生中一定会经历失败。

如果我们正在做的事情比较危险，内心的恐惧就会给我们拉响警报，而忽略这些重要的信息，有可能导致意想不到的严重后果。电影《我，花样女王》就提供了一个很好的案例。

▶ →《我，花样女王》讲述的是花样滑冰运动员坦雅·哈定（Tonya Harding）的故事。坦雅家境贫寒，生活环境也跟温馨毫不沾边。从很小的时候起，滑冰就成为她出人头地、证明自己价值的唯一工具。坦雅天赋异禀，而她的母亲是一个不择手段的狠人，为了让女儿赢得比赛，她愿意去做任何事情。坦雅没有让母亲失望,她确实站在了世界领先的位置。但是她也有非常强劲的对手,如世界冠军南茜·克里根(Nancy Kerrigan)。两个人之间的敌意是有目共睹的。坦雅向来无所畏惧,这既是她的优势,也是她的弱点,因为她不惧怕超越规则,为了将最具威胁力的对手排除在比赛之外,她可以不惜一切手段,包括使用暴力。

在另一部电影中,主人公也以"感受"不到任何恐惧而著称,那就是备受欢迎的系列影片*速度与激情*。每当夜深人静时,人们都进入了梦乡,白天的规则似乎也都跟着失去了约束,秘密的飙车比赛和激烈的对决便拉开了帷幕。在这个世界里,打斗、音乐和狂热的节奏是不容置疑的主角。车手们无所畏惧,尽其所能,*将恐惧从自己的情绪世界彻底清除*,发出越来越大胆的挑战。很显然,这样的状态放在现实生活中,在极短的时间内就会走到尽头,要么死亡,要么被捕。但是这种无视规则的极端反叛,正是这个系列影片的魅力所在:挑战不可能,享受肾上腺素的飙升。

每个人对恐惧的感受力是不一样的,学会倾听自

第 2 章 恐 惧

己的情绪很重要。面对特定的情形，即使你是所有人中唯一一个感到困难的，也不要硬着头皮坚持，一定要大胆地说出自己的不适。

丽莎当时正在跟朋友们一起参加派对，有人突然提议一起看一部恐怖电影，恶心得无法用语言来形容的那种。丽莎试着向同伴们推荐另一部电影，但是没有人接受她的建议。丽莎非常清楚自己对恐怖影片的忍耐力，三年前，她曾经偶然在电视上看了一部恐怖片，她吓得要命，最后不得不去看了心理医生。她知道无论如何也阻止不了电影的放映，因为所有人都说想看，于是，她拿出手机给妈妈发了一条信息："妈妈，我想离开派对，原因之后我再告诉你。"五分钟后，丽莎的妈妈赶到了同学家的楼下。她拨通了女儿的电话："丽莎，告诉你的朋友们我来接你了，因为我们家的狗狗找不到了，我们需要你回去帮忙。"丽莎把妈妈的话转述给了朋友们，她立刻跟大家告别，跟着妈妈回了家。这是一个非常明智的决定，因为那部电影太过暴力、太过刺激，以至于很多同学看完后都做了一段时间的噩梦。

如何应对恐惧情绪

我们在前面已经提到过，虽说恐惧是一种很有用的情绪，但是同时也让我们感到不愉快，让我们面临艰难的处境。为了减轻这种消极的影响，我们为你提供了五个实用的建议。

1. 深呼吸，重视身体发出的信号

当内心的恐惧情绪被触发时，你有什么感觉？请你试着准确地说出自己有哪些感受。心跳速度有变化吗？流汗吗？呼吸困难吗？难以做出决定吗？能够识别这些信号，可以有效地帮助你做好准备，更好地应对给你带来焦虑的状况。毫无疑问，学会调控呼吸节奏，对于缓解由焦虑引发的身体反应是非常有效的策略，因此你需要经常练习深呼吸：将注意力放在呼吸上，缓缓吸气，让空气进入身体，同时让腹部鼓起，保持几秒钟，然后缓缓地将气体呼出体外。

2. 不要把所有事情都憋在心里

应对恐惧最简单的方法就是倾诉。把令你感到害怕的事情或曾经吓到过你的事情跟别人分享，往往能帮助你消化掉那些拉响警报的情绪。如果没有勇气，你可以抬起头看看自己身边，然后选择一个你觉得合适的人，不要想得太多，直截了当地对他说："我要告诉你一件事。"话说出口，你就不能打退堂鼓了，你会发现，当把困扰自己的事情倾诉出来以后，你确实感觉好多了。

3. 不要惊慌！

有时候，我们头脑中脱离现实的灾难性想法会压倒理性思维。你感觉内心被巨大的恐惧笼罩着，你根本动弹不得，没有勇气去应对眼前的挑战（比如，登上飞机，接受提问，在公众面前演讲，等等）。在这种情况下，你必须训练自己的头脑去抑制这些非理性的恐惧，努力做出更贴合现实的思考。举例来说，如果你很害怕坐过山车，你可以不断地对自己说："没有人因为坐过山车而死。"不断练习，学会运用头脑的力量来控制与真实的危险无关的恐惧。你可以不断地重复一句能让自己感到安心的话。比如，如果在上飞机前恐惧突然袭来，你可以对自己说："飞机是最安全的交通工具。"

4. 跟恐惧交朋友

无论你学习了多少策略来管理自己的情绪，恐惧都会如影随形，在这一生中常伴你左右。最好的做法不是愤怒地与它为敌，而是试着接纳它。这样一来，恐惧也就没那么可怕了！

5. 约定一个暗号

跟父母或你信任的其他成年人约定一个表示情况危险的暗号，如果遇到危险，就像马蒂尔德发现开车的人喝了酒，或者发现周围的人在吸食大麻或观看非常可怕的恐怖片，你就立刻知道该向谁求助。"如果我遇到感觉不对劲的事，需要你们来接我，我就会给你们发一条写着'S.O.S.'的信息。"这样的话，他们只要收到信息，就会立刻给你打电话，然后找个借口把你接回家。

第 3 章

厌　恶

恶心，是稀释的、掺了水的憎恶。

——格奥尔基·格里古尔库（Gheorghe Grigurcu）

小测试

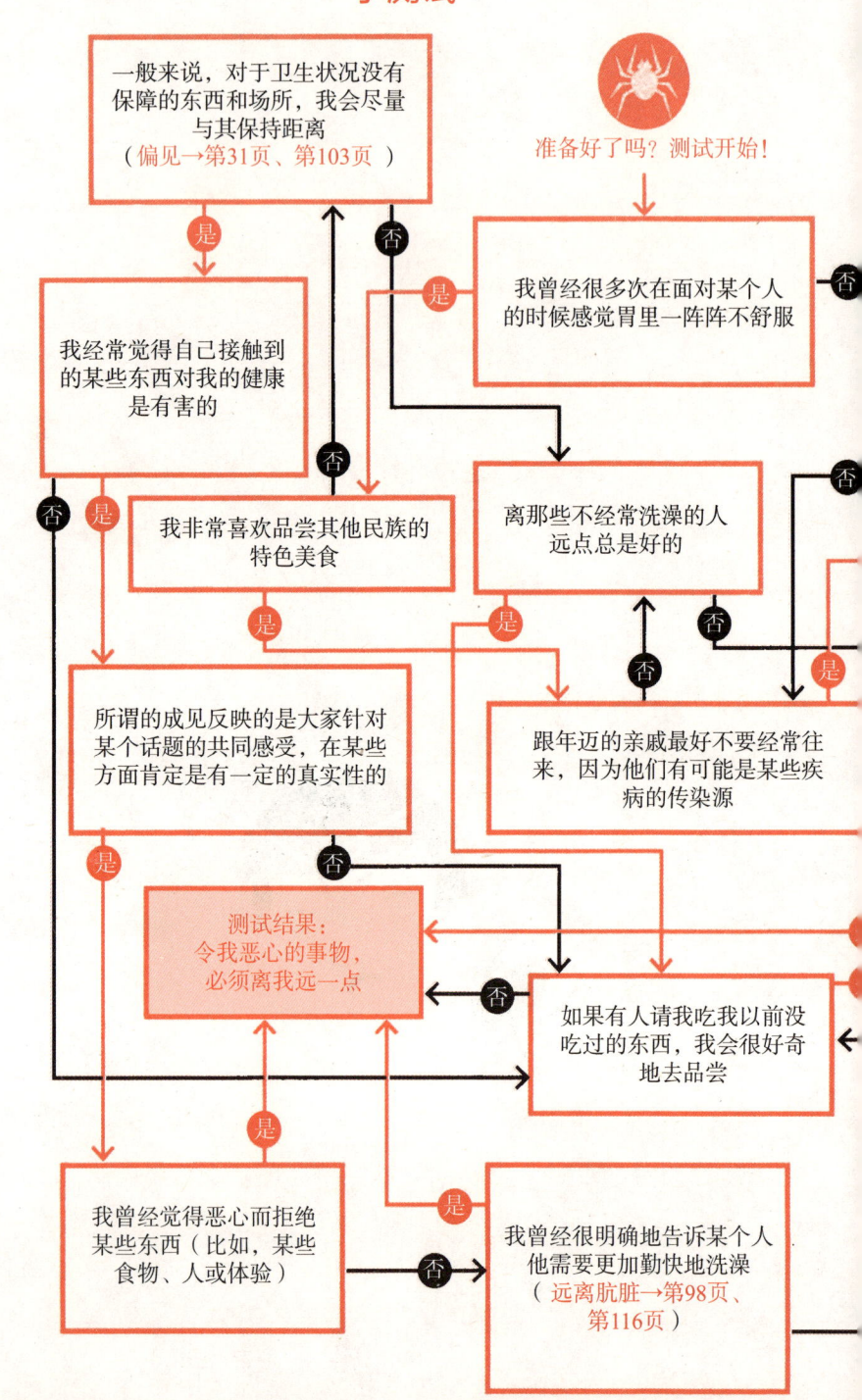

准备好了吗？测试开始！

```
一般来说，对于卫生状况没有保障的东西和场所，我会尽量与其保持距离
（偏见→第31页、第103页）
```

→ 是 → 我经常觉得自己接触到的某些东西对我的健康是有害的

→ 否 →

我曾经很多次在面对某个人的时候感觉胃里一阵阵不舒服

→ 是 → 离那些不经常洗澡的人远点总是好的

→ 是 → 我非常喜欢品尝其他民族的特色美食

→ 是 → 所谓的成见反映的是大家针对某个话题的共同感受，在某些方面肯定是有一定的真实性的

→ 跟年迈的亲戚最好不要经常往来，因为他们有可能是某些疾病的传染源

测试结果：令我恶心的事物，必须离我远一点

如果有人请我吃我以前没吃过的东西，我会很好奇地去品尝

我曾经觉得恶心而拒绝某些东西（比如，某些食物、人或体验）

我曾经很明确地告诉某个人他需要更加勤快地洗澡
（远离肮脏→第98页、第116页）

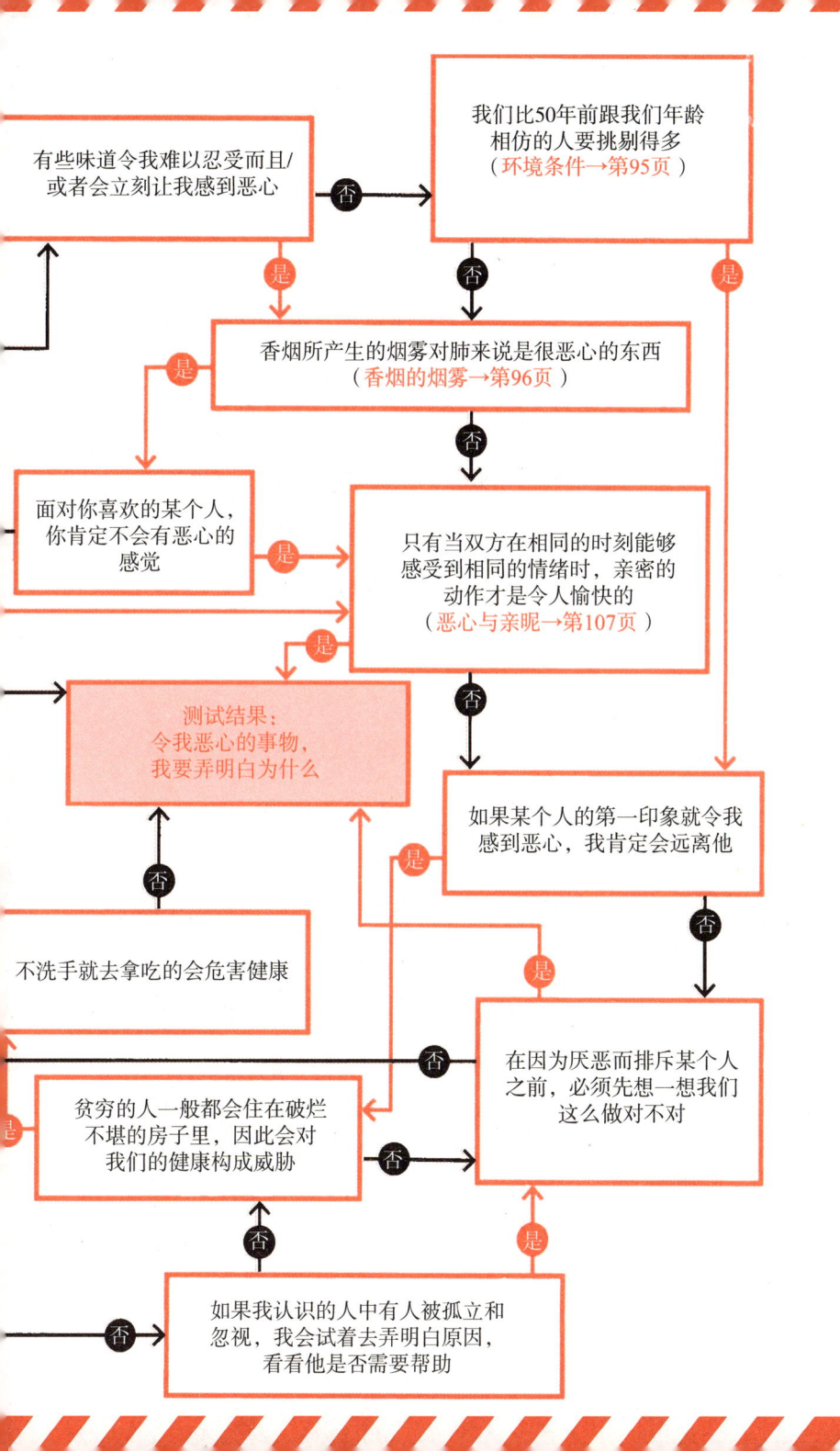

```
[有些味道令我难以忍受而且/或者会立刻让我感到恶心] --否--> [我们比50年前跟我们年龄相仿的人要挑剔得多（环境条件→第95页）]

[有些味道令我难以忍受而且/或者会立刻让我感到恶心] --是--> [香烟所产生的烟雾对肺来说是很恶心的东西（香烟的烟雾→第96页）]

[我们比50年前跟我们年龄相仿的人要挑剔得多] --否--> [香烟所产生的烟雾对肺来说是很恶心的东西]
[我们比50年前跟我们年龄相仿的人要挑剔得多] --是--> [如果某个人的第一印象就令我感到恶心，我肯定会远离他]

[香烟所产生的烟雾对肺来说是很恶心的东西] --是--> [面对你喜欢的某个人，你肯定不会有恶心的感觉]
[香烟所产生的烟雾对肺来说是很恶心的东西] --否--> [只有当双方在相同的时刻能够感受到相同的情绪时，亲密的动作才是令人愉快的（恶心与亲昵→第107页）]

[面对你喜欢的某个人，你肯定不会有恶心的感觉] --是--> [只有当双方在相同的时刻能够感受到相同的情绪时，亲密的动作才是令人愉快的]

[只有当双方在相同的时刻能够感受到相同的情绪时，亲密的动作才是令人愉快的] --是--> [测试结果：令我恶心的事物，我要弄明白为什么]
[只有当双方在相同的时刻能够感受到相同的情绪时，亲密的动作才是令人愉快的] --否--> [如果某个人的第一印象就令我感到恶心，我肯定会远离他]

[如果某个人的第一印象就令我感到恶心，我肯定会远离他] --是--> [在因为厌恶而排斥某个人之前，必须先想一想我们这么做对不对]
[如果某个人的第一印象就令我感到恶心，我肯定会远离他] --否--> [在因为厌恶而排斥某个人之前，必须先想一想我们这么做对不对]

[不洗手就去拿吃的会危害健康] --否--> [测试结果：令我恶心的事物，我要弄明白为什么]

[在因为厌恶而排斥某个人之前，必须先想一想我们这么做对不对] --否--> [贫穷的人一般都会住在破烂不堪的房子里，因此会对我们的健康构成威胁]
[在因为厌恶而排斥某个人之前，必须先想一想我们这么做对不对] --是--> [不洗手就去拿吃的会危害健康]

[贫穷的人一般都会住在破烂不堪的房子里，因此会对我们的健康构成威胁] --是--> [不洗手就去拿吃的会危害健康]
[贫穷的人一般都会住在破烂不堪的房子里，因此会对我们的健康构成威胁] --否--> [如果我认识的人中有人被孤立和忽视，我会试着去弄明白原因，看看他是否需要帮助]

[如果我认识的人中有人被孤立和忽视，我会试着去弄明白原因，看看他是否需要帮助] --否--> [贫穷的人一般都会住在破烂不堪的房子里]
[如果我认识的人中有人被孤立和忽视，我会试着去弄明白原因，看看他是否需要帮助] --是--> [在因为厌恶而排斥某个人之前，必须先想一想我们这么做对不对]
```

测试结果

你的类型：令我恶心的事物，必须离我远一点

你不喜欢尝试自己不认识的事物，对于吃的东西尤其如此。你非常挑剔，一般来说，你很受不了脏的东西，还有那些清洁状况没有保障的环境。如果你发现某个东西让你感到恶心，你不会听任何解释，而且很难改变想法。你曾经因为听说某个人很危险或者携带某种疾病就立刻远离他，因为你觉得最好规避一切可能的风险，但是事实上你也只是道听途说，并没有试着去弄清楚到底是真的有危险，还是只是有成见。如果对新事物的厌恶感在某种程度上限制了你去获得更丰富的生活体验，我们建议你仔细阅读后面的建议，并试着将其付诸实践，从而获得驾驭这种情绪的能力，以免故步自封，错失新的机会。

你的类型：令我恶心的事物，我要弄明白为什么

在遇到某些情况时，也许你还没有意识到，你内心的厌恶感就已经被触发了。比如，你正在跟一个同学聊天，但他的口臭让你觉得十分厌恶，你心想如果自己口袋里有块口香糖就好了，你就可以马上递给

他。如果有的人举止缺乏边界感，说话的时候离你太近，或者试图跟你建立超出了你可接受范围的关系，你也会有这种不适的感觉。对这类情景感到恶心，是一种刻在我们基因里的反应，可以指导我们的行为，帮助我们远离可能对我们造成伤害的人或事物。不过，你已经学会了如何更全面地看待厌恶情绪，你知道如何动用头脑来指导自己的行为。每当遇到让你产生厌恶情绪的事物时，你都会思考应该如何应对才能避免粗鲁和失礼。你尝试弄清楚在什么情况下不能让厌恶情绪主导你的行为，因为这只是你的身体在接收到不同寻常的刺激时所做出的自然反应。你仍保持着旺盛的好奇心，很乐意去尝试新事物，认识不同的人。每当你看到有人盲目地依靠偏见和刻板印象来做出反应时，你就会试着去帮助对方学会动脑思考，理性地分析问题。

小故事

一个按下删除键的夜晚

那天晚上，我们一到派对现场，我就立刻产生了一种不祥的预感。人很多，但是初三年级的同学没几个，大部分都是高中生。宝拉一直跟我说来的人她都认识，地方她也熟悉，而她又是我最好的朋友，所以我才答应了跟她一起来。屋子里连个大人的影子都没有。后来，有人突然拿出了三瓶酒。如果我的父母知道我来参加的是这样的派对，以后周六晚上他们再也不会放我出来了。我试图把自己的感受告诉宝拉，但是她正忙着跟一个我从来没见过的男孩聊天。我感觉那个男孩不像什么好人。他目光躲闪，看起来油头滑脑的，笑起来能露出32颗牙齿，比电视上的演员还夸张。他试探着把手搭在宝拉的手臂上，还轻轻地摸她的脸，但是宝拉看起来对这些动作并不反感。我试着引起她的注意，但是看得出来宝拉并不想离开那个

第3章 厌 恶

家伙半步。后来,他让别人递过来一瓶桃子味的伏特加,举起瓶子就喝了一大口。然后他把酒瓶递到了宝拉嘴边,我的朋友也学着他的样子,举起酒瓶喝了一大口。看到这样的场景,我感觉自己的胃猛然一紧。虽然那个家伙的外表无可挑剔,但是越看他,我就越觉得讨厌,后来甚至觉得有点恶心。

一切都在朝着万劫不复的方向发展。"滑头哥"和宝拉还在继续调情,同时他还在不停地让宝拉喝酒。老师曾经告诉我们,如果你不习惯喝酒,那么最初几次接触酒精的时候可能会非常危险,因为即使很小的剂量,也有引起酒精中毒的风险。想到这里,我觉得很害怕。与此同时,酒精似乎已经起了作用,因为宝拉开始不停地笑,不断地出丑,而那个家伙越来越让我觉得恶心了。我感觉自己想吐,只好走到院子里去透气。

五分钟后,当我回到房间时,发现宝拉和那个家伙都不见了。我跑遍整个一楼,开始到处找她。后来,我看到那个恶心的人又在接近另一个女孩。他又露出了那虚伪的笑容,把手放在女孩身上,就像刚才他对宝拉做的一样。我走到他面前,盯着他的眼睛质问道:"我朋友呢?几分钟前你不是还在跟她聊天吗?""她把自己关到洗手间里了,她说觉得不舒服。"我立刻冲到了洗手间。"宝拉,快开门,是我!"我一边喊,一边用力地敲门。我听到门锁转动了一下,然后宝拉用一只手握住我的胳膊,把我拽了进去。"我感觉难受极了,罗比。我头好晕,还吐了,我根本站不起来了。"我最好的朋友喝醉了,这是肯定的了。她有危险吗?我不知道该怎么处理这种情况。我们在厕所里待了不知道多久,我不断地把用冷水打湿的纸巾放到宝拉的额头上,在这期间,她又吐了两次。

最后,我们终于走了出来。她感觉稍微好一些了,虽然还是摇摇晃晃的,但是至少能站起来了。走出那座房子后,我立刻拨通了妈妈的电话:"你现在可以来接我们回去吗?""现在才11:00!"她有些吃惊,"发生什么事情了吗?我该担心吗?"我妈妈的第六感向来准得很,她立刻捕捉到了有哪里不对劲。"没有,没事的,妈妈,我们就是觉得太无聊了。你快来吧。"挂断电话以后,我注意到宝拉正目不转睛地看着我,眼睛里满是感激。她脸上带着我所见过的最真诚的笑容，深情地对我说："我爱你。"然后把头轻轻地靠在了我的肩膀上。我们就这样静静地站在那里，等着妈妈来接我们回家……

厌恶是什么

真恶心

这是小朋友在面对他们不喜欢吃的东西时最喜欢说的话之一。听到他们这么说,大人们通常会非常生气:"你不应该说'真恶心',你可以说'我不喜欢'。"事实上,父母针对这个词所做的纠正是极其重要的。或许比起番茄意大利面,你更喜欢青酱意大利面,但是用"恶心"这个词来形容一份精心烹饪的食物是不妥的。"恶心"这个词对应的是我们人类最强烈、最具防御性的原始情绪之一——厌恶。这种情绪能够帮助我们警惕任何有毒有害,因而有可能对我们的生命安全产生严重威胁的东西。显然,番茄意大利面和青酱意大利面肯定都不属于这个范畴。厌恶,是刻印在人类情感 DNA 中的最古老的情绪之一。在史前时代,这种情绪很有可能拯救过成千上万个人的生命。那时候,我们的祖先还生活在山洞里,他们穿梭在原始的

第 3 章 厌 恶

大自然中猎食，因此必须谨慎地判断哪些东西可以吃，哪些生物需要防御。如果说体型庞大的猛兽激起的是他们的恐惧，因而会驱使他们逃跑，那么其他动物（体型很小但是极其危险的动物）所引发的肯定不是相同反应（恐惧），但是他们仍须保护自己免受这类动物的伤害。

你可以想象自己是一个原始人，现在正身处一片森林中，试图四处寻找猎物。你，还有那些相信你的人都饥肠辘辘，大家能不能活下来，就取决于你能不能有所收获。一只蜘蛛正在沿着树干爬行，它体型很小，直径不超过 5~10 厘米。这在蜘蛛中已经算大的了。对于天天和巨型猛兽打交道的你来说，这个小东西简直微不足道。然而，你不知道的是，这只蜘蛛只需要短短几秒钟就能置你于死地，因为只要被它咬一口，它所释放的毒液就能麻痹你所有的肌肉，包括呼吸肌在内。在史前时代，有人一开始的时候很有可能也没把这种剧毒蜘蛛放在眼里，像对待小瓢虫或甲虫一样对待它，结果瞬间毙命。而这一场景很有可能被受害人的同伴们看到了，从此以后，他们对这种表面上看起来没有任何攻击性的小东西产生了本能的排斥。从这些远古的祖先开始，这种厌恶感便被刻在了我们的基因里。直到今天，如果在身边看到一只小蜘蛛，或者在树林里散步时不小心撞到了蜘蛛网，我们几乎都会感到不适。后面这种情况往往会立刻激起我们非常夸张的反应，我们会张牙舞爪，疯狂地挥动双手和双臂，生怕有蜘蛛落在自己身上。

厌恶有哪些表现

厌恶感与生俱来

人类的大脑很有可能就是这样习得了厌恶的情绪，并将它放进了我们从一出生就配备的小小行李箱里。事实上，婴儿确实在很早的时候就能对空气或食物中的异味产生厌恶的反应。不知道你有没有看到过，有时候大人试图强迫小朋友吃一勺健康的菜肴，但是小朋友却哭得非常厉害，因为对他们来说味道不对。厌恶就像其他五种基本情绪一样，一直潜藏在我们的内心深处，只要被触发，它立刻就会浮出水面。

举例来说，如果你有一个同学想吐，那么他周围的人马上会四散而去，因为所有人都想要尽可能地离他远一点。大家这么做是怕被弄脏衣服，是为了远离难闻的气味，同时也是出于本能的厌恶。如果我们继续向更远的源头追溯，这种反应实际上来源于人类的一种古老的记忆——对染上某些严重疾病的恐惧。

过去不像现在有各种各样的药品,所以本能会告诉我们远离任何可能有得病风险的场合。一般来说,当某种非常讨厌的刺激通过各种感官传达到我们的身体中,厌恶感就会被激发。当你不小心咬了一口烂掉的水果,你会立刻产生将嘴里的东西吐出来的欲望;当你碰到了某种黏糊糊的东西,你会忍不住马上跑去洗手。

难闻的气味同样会触发厌恶感,比如,当你经过臭烘烘的下水道,会不自觉地捏紧鼻子。也有的时候,厌恶感是被眼睛所看到的画面点燃的,你的大脑认为画面里的东西是"恶心的",当这种东西摆在你面前时,你会本能地扭头走开。还有的时候甚至只是一个念头就能将厌恶感唤醒。这种镌刻在我们身体上的被我们称为厌恶的情绪是非常有辨识度的,其中最夺人眼球的就是呕吐。这也是身体将可能会带来污染或疾病的食物排出体外的最直接、最快速的一种方式。而在几个世纪以前,这很有可能也是一种非常重要的本能反应,因为那时候还没有冰箱,食物的保存技术也不够先进。

第 3 章 厌 恶

离绝望越近，就离厌恶越远

现在，请你把想象拉回到中世纪。在饥饿和贫穷中苦苦挣扎的一家人沮丧地发现，由于保存不当，他们仅有的食物腐烂变质了。你能想象这对他们来说是多么令人难过的窘境吗？为了避免给健康带来风险，由变质食物所激发的厌恶感，很有可能是身体所采取的首要策略。当然，环境条件和生活条件后续会对这种情绪被激活的强度进行重新定义。

比如，在大城市里，有时候你可能会看到有人在餐馆或杂货店的垃圾桶旁边寻找食物。看到这样的场景，我们会对这个人产生怜悯之情。如果有人把垃圾桶里的食物拿给我们吃，我们的第一反应肯定是胃口猛然收紧……也就是"恶心"的感觉，这也就阻止了我们去食用从垃圾堆里找出来的东西。然而，如果我们饿得前胸贴后背，那么我们头脑中相关的区域就会"坠落"到大脑的一楼。此时，饥饿的感觉会战胜厌恶感，因为大脑一楼所具备的是最基本、最简单的功能，在这里，生存需求才是王道，因此厌恶感会被消除或者被削弱。

香烟？真的很恶心

　　提起香烟，所有处于前青春期和青春期之间的孩子似乎都心存向往，跃跃欲试。你把那根白色的小圆棍放进嘴里，深吸一口，然后开始喷云吐雾，其他人都目不转睛地看着你，你感觉自己好像突然变成了这世间一个更成熟、更有趣的存在。仿佛从此之后，你就获得了为自己做主的权利，拥有了选择的自由。然而，如果你试着登上大脑的三楼，哪怕只是在上面待短短几秒钟，你就会发现你只不过是给自己的人生埋下了一个"毒瘤"。吸烟不仅价格高昂，有害健康，而且一旦成瘾，能否戒掉就不是靠你自己的意志就可以决定的了。因为尼古丁会牢牢地"勾着"你的大脑，它的力量要比你戒烟的意志力强大得多。遗憾的是，将近有 1/3 的未成年人还是落入了吸烟成瘾的深渊。**事实上，最开始接触香烟的时候，我们的身体会发出一个非常强烈的报警信号**，这一信号跟我们这一章里所讲到的厌恶情绪密切相关。如果你是第一次把香烟放进嘴里，而且迫不及待地试图吸完一整根，你的身体一定会毫不留情地用无法忍受的咳嗽"警告"你不要再有下一次。

第 3 章 厌 恶

不只是你，所有第一次吸烟的人都会有相同的反应。因为支气管在烟雾的刺激下会剧烈收缩，从而引发咳嗽，这实际上是我们的肺在努力将这些有害气体排出体外，就像我们的胃在感受到有变质的食物入侵时会通过收缩来促使我们呕吐，两者是一样的道理。咳嗽实际上就是肺在"呕吐"，在抵御那些借着空气混入我们身体的"敌人"，不遗余力地防止烟草中有毒物质通过支气管中的毛细血管进入血液循环系统，从而污染整个机体。而我们的身体仿佛觉得这还不够，为了让厌恶感更加强烈，除了肺，嘴巴和鼻子也被充分调动起来：烟草的味道显然跟美食或精油的香味相去甚远，因此，口腔和鼻腔里的黏膜也立刻警觉起来。

总而言之，在我们点燃一根香烟的同时，我们身体中的厌恶感也会被点燃。所有的警铃都会同时拉响，纷纷督促我们赶快远离这种行为，就像身处某个发生了火灾的场所，浓烟产生的刺鼻味、停不下来的咳嗽以及对起火空间内的小气候难以忍受的感觉，会促使我们争分夺秒地逃离现场，而在这种情况下，逃跑确实是唯一可以保命的方式。一开始吸烟的时候感到恶心，是身体和大脑在警告我们，提醒我们应该逃离这种会对我们造成无比严重的伤害的东西。事实上烟草的危害确实是巨大的。看，你的身体正在通过厌恶情绪向你传达非常重要的信息，而我们这本书的目的正是帮助你学会识别各种情绪，把它们当作可以导航的地图，指引你在生命之旅中做出更好的选择。

赶快去洗澡

由第一支烟所引发的厌恶感又进一步证实，关于厌恶情绪，有一点是可以确定的，即每当我们遇到有可能会对生存产生威胁的险情而需要得到保护时，这种情绪就会被激活。比如，说到"令人恶心"，我们常常会把它跟一些不够"干净"、不够"卫生"的场景联系起来。肮脏的东西会立刻激起我们的厌恶感，难闻的气味也是如此。如果在乘公交车、火车或地铁时，你身边刚好坐着一个不太干净、体味又比较重的人，你的厌恶情绪传感器立刻就会开始工作，并且向你发出警报。从根本上讲，身体上这一系列的反应，是在要求你离开现在的位子，因为与一个不注意个人卫生的人长时间接触，会让你暴露于潜在的传染风险

第 3 章　厌　恶

之中，使你更容易受到病菌和病毒的攻击，因为病菌或病毒更容易潜伏在那些卫生状况比较糟糕的人的身上。这就解释了为什么有时候大人会催着你去洗澡，督促你注意自己的外表，不要邋里邋遢。事实上，对你提出这些要求的人是在帮助你拿到社交生活的通行证。人们会远离那些不注意收拾自己、浑身的味道都在宣示"肥皂和水是我的稀客"的人。人们这么做并不是出于恶意或故意排挤某个人，相反，他们只是在遵循大脑二楼（极端情况下则是大脑一楼）的指令做出的反应：远离对生存构成威胁的事物。

令人作呕的种族主义

厌恶感也是可以被操控的，有时候会被从个人层面转移到社会层面。从大众人群中划出一个特定的子群体，然后将厌恶或恶心的感受转移到这个被划出来的人群上，此时，一种曾经而且继续在对人性造成巨大伤害的现象就产生了，这就是臭名昭著的"种族主义"。一般来说，这种现象的罪恶之源是社会中某个群体的优越感，他们自视为天选之子，认为自己所属的种族才是"高等的"，相比之下，其他人都属于"劣等种族"。

　　试想一下，如果你认为你所属的群体更有价值，拥有更多的权利，更受正义天平的青睐，那么当你去观察其他不属于你所在的群体的人时，你的眼光中就会难免带有优越感和距离感，以及回避感。这时，这件事情跟"情绪"的关系还不是很大，因为并不是情绪让你感觉到对方是一个不一样的人，而是你的感官告诉你，现在你的眼睛所捕捉到的这个对象，不符合你平时所理解的正常状态，也不具有你身边大多数人的共同特征，因此，你就假定那个跟你不像的人是有问题的，需要与其保持安全的距离，就是这么简单。然而，这只是你个人的主观判断，没有任何事实依据。在这个判断的基础之上，你有可能会形成一系列的成见，并且在你所在的群体中传播。"你看到了吗，那边那个人？你碰到他可得小心点，因为他有可能很危险！"而你说他危险，可能仅仅因为那个人皮肤的颜色跟你不同而已。但是，一个人是否有伤害他人和犯罪的倾向，并非取决于他的肤色，而是藏在他大脑里的想法。决定一个人的意志和行动的，并不是他的外表。

然而，种族主义却极力地强调和推行一种完全错误的"真理"：一个人的肤色决定了一个人在这个世界上以及在生活中的行为方式。除此之外，政客和其他对信息传播有操控权的人也有可能会围绕着这类错误的信念大做文章，将其发展成一种误导和教化大众的"策略"……很不幸的是，这种可能已经变成了现实。人们开始歧视别人，但是自己却意识不到。一个个带有边界的空间开始被建立起来，在这个空间里，属于所谓的少数民族的人会被孤立，"高等"人种有专属于他们的活动场所，与"低等"人种的活动范围有着楚河汉界。

> **种族主义** 认为某一人种相比其他人种更低级，并且传播这种观念，将其上升到国家的层面，甚至通过制定一些歧视或不利于某个社会群体发展的法律来支持这种偏见。
>
> **歧视** 排斥那些被认为有别于"正常人"的人，并且疏远他们，将其活动范围限制在他们自己的生活圈子中的行为。

人种 具有共同遗传特征因而外貌相似的人类群体。如今，这个词已经越来越多地被"种族"所代替，因为"人种"的概念并非严格参照遗传学的基础，它更多的是通过观察属于同一地理区域的人外表特征上的相似之处而做出的划分。

种族 属于同一个群体，有着共同的语言、相似的外貌特征、相同的风俗习惯和文化根基等的人。

除了这些隔离和孤立性的举动，社会排斥性的行为也浮出水面。那些属于所谓的"高等"人种的人，现在不仅感觉自己高人一等，还开始认为属于"劣等"人种的人都是问题的携带者，会危害大家的健康，破坏生活的幸福，因此必须远离他们。由此继续发展，除了被边缘化，那些被认为是"低等人"的个体也更容易成为刻板印象的受害者。集体中开始滋生出越来越严重的排斥性的边缘化行为，并且伴随着越来越明显的厌恶表现。我们可以举个例子帮助大家理解这种观念的变化。如今的女孩儿被灌输的审美思想都是"瘦

第 3 章 厌 恶

即是美"。经过来自媒体一张又一张图片的反复渲染，你会不自觉地认为，美的同义词就是瘦，只有极其苗条的身体才能成为美的宿主。这就是真理，不需要辩驳。于是，闪耀着美丽之光的人，总是而且只能是瘦得像麻秆一样的女孩。相反，每当看到超重或肥胖的女孩，人们会不自觉地给她贴上"丑陋"的标签，甚至用"倒霉鬼""丑八怪"这类跟超重的客观状态没有任何关系的词语去描述她。

19 世纪末的美国，在许多白人的观念中，黑人跟动物没有太大差别，常常被视为甚至被描述成猴子，这种偏见后来变得根深蒂固。根据斯坦福大学的心理学家珍妮弗·埃伯哈特（Jennifer Eberhardt）在 2008 年发表的一项关于偏见的研究报告，上述偏见仍然深深地根植于——虽然是在潜意识的层面——许多白人的思想观念之中。在我们的日常生活中，实际上每天都可以听到一些歧视性的表述，巧合的是，被歧视的对象一般都是来自其他地域或属于其他种族的人，比如，"他们很臭""他们有传染病""他们会偷东西"。而学过"大屠杀"历史的我们都非常清楚，一个人一旦丧失了理智（我们的大脑高层所掌管的领域），任由自己完全受爬行脑和情绪脑支配，那么他肯定会与文明背道而驰，甚至犯下令人发指的屠杀罪行。

→ 如果你想看关于种族歧视的更多鲜活例证，我们推荐你阅读一部非常精彩的小说——哈珀·李（Harper Lee）的《杀死一只知更鸟》。六岁的丝考特和十岁的杰姆是一对兄妹，他们的父亲阿提克斯·芬奇（Atticus Finch）是一名律师。两个孩子很小就失去了母亲，一直由黑人管家嘉布妮亚（Galpurnia）照顾。一天，父亲阿提克斯决定为一个被指控强奸的非洲裔美国人辩护。这个决定遭到了小镇居民的反对，因为在他们看来，为一个"黑鬼"辩护可不是什么好主意。不只是父亲，小女孩丝考特也没能逃过来自偏见的攻击，人们批评她穿得像个假小子，而且总在跟哥哥还有一个叫迪尔（Dill）的男孩打闹。与此同时，三个小伙伴却被一位神秘邻居深深地吸引着，这个大男孩名叫布·拉德力（Boo Radley），他看上去精神有点问题，让人又好奇又害怕。然而，幸运的是，偏见并没有阻止孩子们去认识布·拉德力。小说的最后，他们的好奇心也获得了丰厚的回报。作者最了不起的地方就在于拓宽了对偏见的思考，让我们看

第 3 章 厌 恶

到所有人都有可能被偏见左右。

> **边缘化** 个人或群体（如某个社会阶层）将某些人排除在外，不允许其参与特定环境中的正常社会活动的态度或具体行动。

▶ → 在电影《隐藏人物》(*Hidden Figures*)中，你同样也能看到"厌恶"这种情绪是如何被利用、被从社会层面上操控的。影片讲述了美国非裔数学家、科学家以及物理学家凯瑟琳·约翰逊（Katherine Johnson）在与美国国家航空航天局（NASA）合作的过程中，一边与种族主义和性别歧视作斗争，一边成功地为水星计划和阿波罗 11 号绘制出运行轨迹的故事。除了凯瑟琳，影片的主角还包括另外两位非裔女性，她们也是 20 世纪 60 年代美国国家航空航天局负责执行和管理太空任务的最早一批专家组成员。这部电影中最令人震惊的是三位女性在工作中所遭受的不公正待遇。一方面，她们靠着非凡的能力在属于白人男子的世界里闯出了一片天地，成功地解决了一个又一个除她们以外谁也无能为力的难题；另一方面，这些力挽狂澜、拯救人类和太空计划的女性每次却都要因为找厕所而浪费十几分钟的时间，因为在她们所工作的地方没有一个洗手间是对黑人开放的。不仅如此，就连桌子上的员工咖啡都是盛在两种不同的容器里的，一个是给白人用的，另一个则是"有色人种"专属的。禁忌的鸿沟把白人跟黑人分隔开来，后者被无情地驱逐到了其他空间。在这里，种族主义、厌恶、愚昧和偏见交织混杂，成了滋生歧视和不平等的沃土，这与一个自诩是文明的国家多么格格不入。

通过最后这几个段落，我们想告诉大家的是，当食物和日常所需都得到充足的供应，人们不再需要为生存而奔波时，厌恶情绪就越来越多地被转移到了人类的社会层面。也就是说，它已经变成了一种社会情绪，每当遇到有可指摘的情况时就会被点燃，就像我们在前面的例子中所看到的那样。但是，我们不要忘了，在特定的情况下，厌恶情绪仍然保留着许多具有保护性的、积极的价值。

厌恶与爱情，水火不相容！

有一个领域，是厌恶感绝对不应该涉足的，但

第 3 章 厌 恶

是现实却刚好相反，它经常在那里出没，不知疲倦地探头张望。这个领域就是性。性在我们人类的生活中是最重要的维度之一，因为通过性，我们可以与我们所爱的、愿意与之建立超越友谊关系的人，分享最私密的体验。如果你爱上了某个人，你会总想跟他待在一起，你会渴望与对方接触，包括身体上的接触。爱抚、拥抱和亲吻，都是我们向另一个人传达爱意的方式。如果双方心意相通，本着分享和负责的态度，这些私密的接触都将是非常美好的体验，跟厌恶情绪相去甚远。不过，想要获得这种无与伦比的幸福和愉悦的感觉，是需要经过训练的，因为我们要学会用心感受对方的感受，而且同时自己也能体会到相同的感受。这种状态在朋友之间也时常发生：当你非常投入地去体会某位朋友的快乐或悲伤，你自己也会产生相同的情绪。这实际上就表明两个人彼此合拍。

　　想要在亲密接触中收获美好的体验，参与其中的两个人不仅要为对方提供获得愉悦的可能性，而且要学会观察，学会理解对方的需求。因此，愉悦的性体验要求我们既要了解自己，也要了解对方，不能即兴而为，更不能强迫。如果两个人才刚一见面就决定亲密接触，他们没有充足的时间来认识彼此，尚未建立共鸣，对另一个人的深层需求也丝毫不了解，那么性就沦落成了一种非常肤浅的东西，有时候甚至会带来痛苦，激起厌恶感。用"令人恶心"来形容一件本应该是美好的事情，这本身是极其矛盾的。要在另一个人面前展露自己的身体，探索对方的身体，分享性爱的喜悦，需要彼此首先建立起相互信任的关系。而想要了解面前这个人是谁，需要充足的时间。如果性行为发生在双方建立尊重和信任之前，就有可能变成暴力的、带有侵犯性的或者毫无意义的体验，比如，色情制品。

遗憾的是，如今，观看色情视频已经成了很多年轻人的习惯。我们之所以说"遗憾"，是因为这类视频把性完全变成了一种造作的、脱离现实的东西，里面所有的人都只是在性交，而不是在做爱。对于许多男性来说，色情制品是可以接受的，里面的内容可以对他们产生刺激，唤起他们的想象；但是很多女孩和成熟女性则认为这些东西很恶心，让她们感觉深受侮辱。因为在色情视频中，女性往往被塑造成随时愿意、随时渴望发生性关系的欲女，而男性则是能够随时随地进行性交的超级英雄。

试图从色情制品中获取对性的初印象是非常危险的，因为它很有可能会令你产生很多与现实相去甚远的幻象和想象。"它让我觉得恶心"，是女孩子们看到色情制品时最常做出的一种评论，而她们所传达出的这种厌恶情绪，实际上很应该引起那些从不反思、继续把色情制品当作学习材料的男性的深思。

只有当关系越来越亲密时，两个人才能逐渐理解在生活的这个领域什么才是最恰当的步骤，需要有哪些限制和边界，对想要什么、不想要什么才能做出明确的定论。盲目地加快步伐，违背对方的意愿和意志，一般都不会产生任何积极的影响。在这方面，有很多伴侣确实是"不平衡的"，即一方积极地渴望，另一方只是被动地接受。此外，还有一点非常重要，那就是如果有一方说了"不"，即使性行为已经开始，对方也应该立即停止并给予充分的尊重。

▶ → 电影《有你我不怕》(*I'm Not Scared*)开头的一幕，很好地向我们展示了性是如何跌落神坛的。当一个人被迫去做违背自己意愿的事情时，性就会变成羞辱，变得令人恶心。

我的 6 个情绪朋友

一群孩子奔跑在金黄色的稻田中，他们在比赛，看谁最先到达一座废弃的房子旁边，最后一个到达的人要接受惩罚。"首领"则等在终点线，他来发号施令，决定让最后一名接受什么样的惩罚。

米歇尔（Michele）是最后一个到的，因为他中途不得不停下来去照顾跌倒的妹妹。不过，米歇尔运气不错，因为首领突然决定，接受惩罚的必须是个女孩。做决定的一直都是他，没有人敢违抗他的命令。他盯着一个胖胖的女孩，命令她"脱掉衣服，让大家看看"。大家都尴尬地愣在那里，谁也不敢出声。女孩非常生气，除了因为不公，更因为那位恶霸所提出的无理要求，是她无论如何都不愿意接受的。她环顾四周，质问小伙伴们："你们呢？你们不打算说点什么吗？"所有人都觉得很难堪，但是依然没有人说话。这时，米歇尔看不下去了，他决定站出来，阻止这个不公的悲剧继续上演。他坚持说自己才是最后一个到达终点的人，所以应该由他来接受惩罚。那位可怜的女孩这才得救，逃离了继续被羞辱的深渊。

提到性，有两个关键词必须随时相伴左右。第一个词是"尊重"：首先是对自己尊重，然后是对自己

第 3 章 厌恶

面前的那个人尊重。尊重是性行为最重要的前提，尊重自己和对方的欲望，同时，当自己想要拒绝时要尊重自己的感受，当对方提出拒绝时也同样要表现出尊重。法律规定，任何违反他人个人的意愿，对其做出与性有关的行为，都属于犯罪，都应受到刑事处罚。具体来说，无论是通过施加压力还是强迫另一个人去做出与性有关的事情，或者在对方不知情的情况下（比如，趁对方不注意拍下对方洗澡时的裸照并将其公布）将对方牵扯进与性有关的事情，都属于犯罪。尊重必须广泛地存在于每一个地方、每一种关系和每一个动作中。向他人展示色情制品或性器官，引起他人尴尬，也同样是犯罪行为。要记住，无论什么时候，我们都绝对不应该让身边的人感到难堪或厌恶。

第二个关键词是"责任"。进入性的世界，让它成为你生活的一部分，意味着你要对自己的身体和另一个人的身体负责。完整的性行为有可能会带来一个新的生命，任何性接触，即便不是完整的，也有可能带来传播感染性疾病的风险。

仔细想想你会发现，尊重和责任实际上是由我们的理智脑掌管的。而激动、愉悦等强烈的感官体验则居住在二楼。我们知道，三楼的理智脑相对于二楼的情绪脑来说成熟得更晚一些。因此，无论是在家还是在学校的性教育项目中，你都经常会听到大人们在你耳边叮嘱：年纪还小的时候，一定不要仓促地开始亲密行为，因为你需要给自己足够的时间去成长。学会爱一个人，与他共同走进性的殿堂，是需要时间、努力和耐心的。

▶ →《13个理由》是一部根据在世界范围内大获成功的同名小说改编的电视剧。在这部电视剧里，主人公汉娜（Hannah）录制了13盘磁带，每一盘都献给一个曾跟她有过重要交集的人，他们以这样或那样的方式给她带来了巨大的痛苦，并促使她一步步走向了自杀。第一盘磁带的主人公是贾斯汀·弗雷（Justin Foley），她的第一个男朋友。汉娜从来没有跟他发生过性关系，但是这个男孩却编造出了无数辛辣的八卦，让全世界的人都相信汉娜是一个轻浮的女孩。还有一盘磁带是献给艾利克斯的，他曾经制作过一个对女生评头论足的名单，评选谁拥有最好看和最难看的屁股。正是这两个看起来似乎无关紧要的故事，使汉娜陷入了最严重的危机，让她感到孤独无助，感到困惑和厌恶。因为它们虽然没有牵扯身体的触碰，却无不透露着对性的不尊重和不负责。性在我们的生活中本来应该是甜蜜美好的，但是在《13个理由》中却恰恰相反，沦落成伤害他人的工具。

如何应对厌恶情绪

当你在做某件事情的时候，感到内心的厌恶情绪被悄然触发，这时候，你一定要知道引发这种情绪的是确实存在的危险，还是受到了某些需要摒弃的社会思想的影响。我们已经知道，厌恶情绪可以向我们传达多种不同的含义，为了学会辨别这些含义，有一些基本事情是你一定要做到的。下面就是我们给你的五个建议。

1. 性令人恶心……不，这是不对的

如果有人向你展示了一些让你感到厌恶和迷惑的色情内容，或者发了一张令你恶心的图片到你手机上，那么你应该把这件事告诉一个有能力阻止类似的事情再次发生而且愿意听你倾诉的人。通过倾诉，这段不愉快的经历以及它在你心中所留下的厌恶的痕迹，才能被彻底地清除掉。如果某个亲吻、某种爱抚或更亲密的性接触让你内心产生了厌恶的情绪，这意

味着你的身体正在向你发送某些不能被低估的、明确的信号。你需要找一个你信任的人,最好是位成年人,认真地跟他聊一聊,弄清楚为什么这些本该带来美好体验的行为会让你感觉不舒服。

2. 倾听身体的声音

香烟所产生的烟雾是会对你的身体造成伤害的有毒物质。一个没有吸烟习惯的人在吸入这些烟雾时,所引发的自然反应,实际上就是他的身体在发出强烈的抗议。对于这类厌恶的反应,你必须认真对待。

3. 玩笑不可开得过大

有时为了开玩笑,人们会故意做出一些令人恶心的举动,从而引起他人的不适,如咀嚼东西的时候突然张开嘴巴。对于看到这个画面的人来说这当然不是什么愉快的体验,但也不至于留下创伤。然而有一些行为,虽然可能也是在开玩笑,却会引发别人的厌恶感和不适感,这类行为最好还是避免。比如,褪下裤子把自己的屁股展示给别人看,这种玩笑以及所有对自己和他人的性征缺乏尊重的行为都必须杜绝。有些玩笑一旦开大了，就会变成需要承担刑事责任的犯罪行为。

4. 有些厌恶感需要试着克服

厌恶感有时会促使你远离病人或老人。看到爷爷说话时流口水，你可能也会感到些许不适。面对类似的情况，我们与这个人之间的感情往往可以帮助我们克服身体上的厌恶感。当亲近的人被病痛折磨或面临死亡时，我们的厌恶感会被触发，我们本能地想要闭上眼睛，不去看，想要逃离。但是在这种情况下，我们应该克服困难，尤其是当我们想用自己的陪伴来表达对所在乎之人的感情时，更应该勇敢地向痛苦靠近。

5. 当心强迫症

在面对某些类型的食物或面对肮脏的东西时偶尔被触发厌恶感，有时候会变为慢性症状，促使一个人去回避很多对他人来说正常的情况。这其实就是强迫症，它具体表现为一个人会过分夸张地控制自己的饮食，或者当他在某个环境中活动时，总是非常担心碰到脏东西和被污染。如果发生这种情况，一定要先向成年人寻求帮助，然后再向专家咨询。

> **强迫症** 这是一种精神功能障碍。患上强迫症的人会被一些持久性和重复性的想法困扰，而且无法自控。这些想法往往与仪式性行为关联在一起，患者会无休止地重复这些动作，试图将某个情况或自己的焦虑情绪保持在可控范围内，比如，不停地检查门是否已经关好，或者一次又一次地洗手。

第 4 章

愤 怒

我对我的朋友发怒，
我和盘说出，怒气消除；
我对我的仇敌发怒，
我一声不响，怒气渐长。
——威廉·布莱克（William Blake）

小测试

准备好了吗？测试开始！

- 有时候我会比平时更易怒（原因→第134页）
- 当我生气的时候，所有人都会远离我，没有人试着理解背后的原因（共情能力→第149页）
- 我经常因为一些微不足道的小事生气
- 我经常觉得自己受到了不公正的待遇
- 如果我提出的建议没有得到重视，我就会感到很生气
- 某些事情或某些人让我感到憎恶（憎恨的温床→第147页）
- 我发怒的时候曾有过暴力的举动
- 反正到最后错的总是我
- 如果有人伤害了我，我会以牙还牙，用同样的方式对待对方
- 如果有人让我感觉犯错的是我，我就会一心只想着报复

测试结果：我生气的时候只关注感受

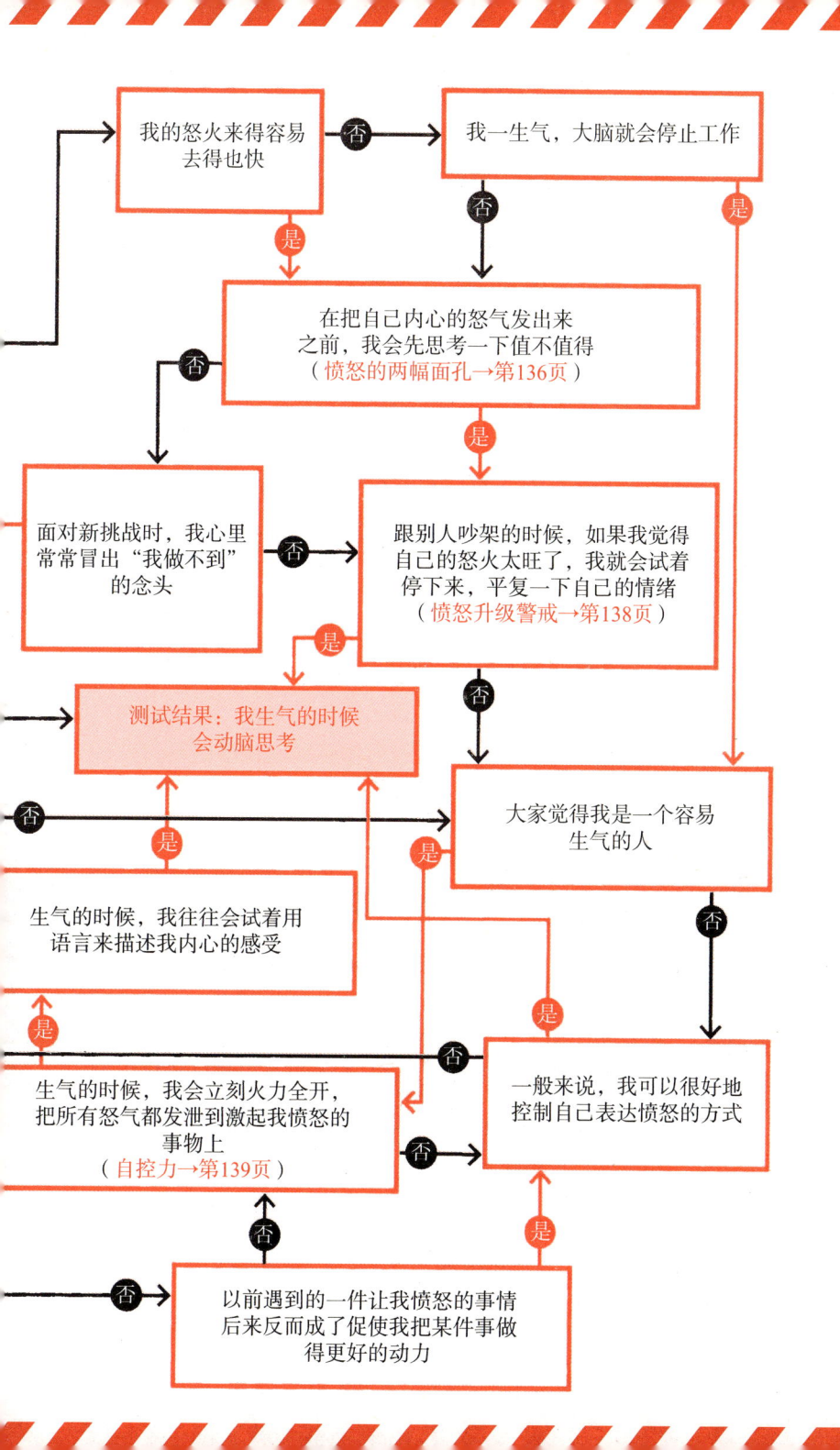

```
                    ┌─────────────────┐      ┌─────────────────┐
                    │ 我的怒火来得容易  │──否─→│ 我一生气,大脑就会 │
              ┌────→│   去得也快       │      │   停止工作        │
              │     └────────┬────────┘      └────────┬────────┘
              │              是                        是
              │              ↓                        │
              │     ┌─────────────────────────┐       │
              │     │ 在把自己内心的怒气发出来   │       │
              │     │ 之前,我会先思考一下值不值得 │       │
              │     │ (愤怒的两幅面孔→第136页)  │       │
              │     └────────┬────────────────┘       │
              否              是                        │
              │              ↓                        │
  ┌───────────┴──┐   ┌─────────────────────────┐       │
  │面对新挑战时,我│   │跟别人吵架的时候,如果我觉得 │       │
  │心里常常冒出   │─否→│自己的怒火太旺了,我就会试着│       │
  │"我做不到"的念头│   │停下来,平复一下自己的情绪  │       │
  │              │   │(愤怒升级警戒→第138页)    │       │
  └──────────────┘   └────────┬────────────────┘       │
                    是         否                       │
                    ↓          ↓                       ↓
        ┌──────────────────┐  ┌─────────────────────┐
        │ 测试结果:我生气的 │  │ 大家觉得我是一个容易  │
        │ 时候会动脑思考    │←是│     生气的人         │
        └──────────────────┘  └──────────┬──────────┘
              ↑是                         否
              │                           ↓
  ┌───────────┴──────┐        ┌─────────────────────┐
  │生气的时候,我往往会│        │一般来说,我可以很好地  │
  │试着用语言来描述我 │←否──────│控制自己表达愤怒的方式 │
  │内心的感受         │        └──────────┬──────────┘
  └──────────────────┘                    是
              ↑是                         ↓
  ┌───────────┴──────────┐     
  │生气的时候,我会立刻火力│     
  │全开,把所有怒气都发泄到│←否──┐
  │激起我愤怒的事物上     │     │
  │(自控力→第139页)       │     │
  └──────────────────────┘     │
              ↑否                │
              │                  │是
  ┌───────────┴──────────────┐   │
  │以前遇到的一件让我愤怒的事情│───┘
  │后来反而成了促使我把某件事做│
  │        得更好的动力        │
  └──────────────────────────┘
```

测试结果

你的类型：我生气的时候只关注感受

你是个不好惹的人，最好不要惹你生气，但是事实上却很难避免！能点燃你内心的炸弹的导火索有很多，甚至你自己也不知道有多少。你只知道自己经常抬高嗓门，有时抬高的甚至还有手臂。愤怒之火一旦燃烧起来，你的大脑就会停止思考，只顾着用尽全身的力气去讨回公道。有的时候你的怒火会很快消退，但也有的时候并非如此。你有可能会在愤怒的驱使下做出一些让自己后悔的事，因为你必须为自己的行为承担后果。愤怒之火燃烧得如此炽热，以至于你的大脑会突然断电，你根本没有办法平静下来试着用语言来描述你内心的感受。如果说自控是需要锻炼的，那么你现在还处于起步阶段，或许甚至你都不知道自己是否真的有兴趣学习驯服愤怒。我们的意见是，你可以仔细阅读后面的五个建议，然后试着去找一位对你有透彻了解的朋友，问问他是否觉得这些建议对你来说能用得上。相信他的判断，然后试着将其中至少一个付诸实践。你可以先从在朋友看来对你来说最重要的那一个开始。要记住，愤怒的时候，大脑永远是你的最佳盟友，而且你尽可放心大胆地使用，它是绝对不会让你更加生气的。

- **你的类型**：我生气的时候会动脑思考

你跟所有人一样也会愤怒，有时甚至还比其他人更容易生气。一些看起来微不足道的事情有时会让你神经紧张，点燃你心中的怒火，你很想把它向某个人或某件东西发泄，但是事实上你几乎从来没有这样做过。这并不意味着你是一个什么都能忍受得了的人，包括不公在内，你只是觉得一生气就朝别人发火，并不是跟他人友好相处的最佳策略，也无助于你真正在乎的事情。你发现，虽然生气的时候很难尝试使用语言，但是努力还是有成效的。当你感到自己遭遇了不公或者受到了伤害，或者只是被突发事件弄得不知所措时，愤怒会突然爆发，但是此时你的头脑并没有停止工作。每次你都会认真地思考如何使用这颗在你内心爆发的能量炸弹，然后选择出最佳策略。有时候你会选择直面让你生气的事件，有时候你会通过跑步来发泄怒火，还有的时候你会刨根问底，努力去弄清楚是什么原因让自己如此愤怒。总之，你是一个三思而后行的人，或者至少你在朝这个方向努力。继续坚持下去吧！如果遇到让你特别生气的事情，可以试着找一个了解你的人聊一聊，让他帮忙一起分析原因。每一次的愤怒都隐藏着你的重要秘密，千万不要错失良机。

小故事

吃饱肚子才能更好地思考

刚刚，我们从校长办公室走了出来。我没想到他长得那么难看，怪不得他总是心情不好。事实上今天对我来说也不是个好日子。我爸爸妈妈被叫到了学校，因为他们的儿子，也就是我，把班上的一位同学送进了医务室。我知道你们在想什么，你们一定会认为我是个每天到处挑事的恶霸，但其实并不是这样的。我从来没有对任何人动过手，包括今天托马斯受伤，我并不是故意打他的，只是我的手臂不由自主地抬起来落在了他身上，而我根本没有意识到。

今天早上出门前家里乱作一团，妈妈一直在不停地唠叨，我急着出门，忘了带课间点心。因为我们下午两点才放学，能不吃东西坚持到放学绝对是英雄之举。我平时总是饿得很快，如果不吃东西，我的胃就会翻江倒海，发出全班同学都能听得见的声响。因

我的 6 个情绪朋友

此，今天早上当我发现书包里什么吃的都没有时，我急得差点哭出来。我们班里的同学平时都把自己的东西捂得严严实实的，不用指望会有到处送点心给别人吃的慷慨天使，我只好垂头丧气地待在自己的位子上。

"你为什么缩在那里？"爱德华多问我。我们坐同桌快一个星期了，这是他第一次跟我说话。他总是在忙他自己的事，如果不是因为上课的时候老师会提问他，大家都不知道他会不会说话。他插班读初二，因为他是从一个很远的镇上转学转过来的。来班里的这几个月，他一直独来独往，并没有努力要融入我们，所以当老师安排我跟他同桌时，我真的难过极了。"烦死了，我忘了带点心，看到别人狼吞虎咽地吃东西，我肚子更饿了。"我没精打采地回答道。爱德华多从他的书包里拿出了一个吐司，掰成了两半，"给你，我不是很饿。"我一时间有点犹豫，随后，我的胃替我做出了决定，"你确定吗？"他早已把较大的那一半递到了我的面前，这样的举动让我感动得话都说不出来。我正准备微笑着道谢，这时，托马斯突然来到了我旁边，他从开学第一天起就特别喜欢戏弄我。"哇，多甜蜜的一对小情侣呀……连吃个点心都

第 4 章 愤 怒

要一人一半！"爱德华多一动不动地愣在了他的座位上，而我则立刻感到有东西在我的胸腔里轰然爆炸。托马斯以前也跟我开过不少愚蠢的玩笑，但是这次他的话让我的大脑瞬间短路，身体也脱离了我的控制。我噌地一下站起来，狠狠地推了他一把。托马斯立刻倒在了地上，摔了个狗啃泥。"你给我闭嘴！"我用尽全身的力气咆哮着。同学们纷纷围了过来，像赶着来看拳击比赛似的。我感觉自己的脸热得发烫，心脏跳得飞快，呼吸也非常急促。托马斯趴在地上呜咽着，他摔得不轻。

正在门口跟另一位同事讲话的语文老师听到动静立刻冲进了教室。"这是怎么回事？"她瞪大了眼睛看着我，"菲利普，你疯了吗？托马斯，你受伤了吗？"那个无耻的家伙抬起手摸了摸自己的脑袋，眨巴着湿漉漉的眼睛，结结巴巴地回答道："是的……""菲利普，你犯的错误非同小可。后果很严重。我从来没想到你会做出这样的事情。"我当时很想也狠狠地推老师一把，但是所幸这一次我的胳膊乖乖地待在了原位。就因为这件事，我被叫到了校长办公室去等我的父母来。那块宝贵的吐司我到现在都没来得及吃。

愤怒是什么

愤怒是你我从小的朋友

现在，让我们乘着时光机回到生命的起点，试着重新经历一遍你（以及其他所有人）和愤怒相处的时光。当你还是初生的婴儿，你的世界里还没有思想和语言，主宰你的是各种各样的感官体验，有好的，也有不好的。当你被爱你的人搂在怀里轻轻摇晃，或者刚刚酣畅淋漓地吮吸了足量的奶水，你肯定会被一种愉悦的幸福感所笼罩，其他的一切都淡出了你的世界。然而，几小时过后，你突然醒了过来，你感到屁股底下的尿布又湿又冷，胃里也空空的，你一点也不喜欢这种感觉，于是愤怒在你心中爆发，你开始通过拼命啼哭来表达这种强烈的情绪。此时的愤怒有一个**实用且非常重要**的功能：召唤能让你更舒服一些的人。就现在的情况来说，你是在召唤一个能喂你吃的和给你换尿布的人。

第 4 章 愤 怒

在这个阶段，还有一件能让你暴怒的事情：妈妈突然从你的视野中消失，孤独感突然来袭。因为在我们很小的时候，只要一件东西看不到了，我们就会认为它不存在了。你的大脑还不能进行想象和理论加工，如果妈妈走出了房间，对你来说她就是永远地消失了。当突然意识到这一点的时候，你一点也不喜欢这种感觉，这是一种让你同时感到恐惧和愤怒的经历，你会号啕大哭。此时，你的哭声是为了告诉大家你想让妈妈回来，你需要她。你通过哭让妈妈明白她不能长时间地离开你。你是在向她发出一个响亮而明确的信息。

现在，你稍微长大了一些，开始学走路了。当你跟跟跄跄地迈出人生的最初几步时，虽然所有人都为你喝彩，但是你还是很容易跌倒。摔倒后的疼痛让你感到害怕的同时也让你很愤怒，因为你一点也不喜欢这种感觉，你真的很想把它从你的经历中彻底清除。于是，在愤怒的驱使下，你开始避免做某些动作，尽量让自己不摔倒，即便摔倒也立刻重新站起来，大不了狠狠地给碰疼你的桌角来上一巴掌。

随着你慢慢长大，让你愤怒的事情也越来越多。

最令你感到气馁的是，你发现自己不是万能的，你不能拥有自己想要的一切，也不能想做什么就做什么。对一个孩子来说，这确实是一个很难消化的事实。"我想要自己走在大街上，不让任何人牵着我。我想要自由地活动！"一个被妈妈紧紧地牵着手的小朋友气呼呼地想。大人们总是在说"不可以！""你必须……"，而所有像你一样的小朋友都听到自己的内心在疾声呼喊："我想要！"

"我想要"和"我不能"之间的决斗，是人生道路上我们学会管理愤怒情绪的第一个大型训练。此时愤怒的作用是帮助我们了解什么可以做，什么不可以做。

后来，你进入了幼儿园。在这里，你遇到了许多其他的小朋友，你发现，除了要学会跟别人相处，你还必须得知道如何保护自己。有人会抢走你的玩具，有人会故意把你绊倒；当你想坐在老师怀里的时候，却被别人抢了先；盘子里的食物不合你的胃口，但是你不得不把它们放进嘴里……遇到这些情况，你很有可能会怒火中烧，急切地想要做点什么改变周围的现实。此时，你的愤怒是在表明你对某些事情有强烈的

第 4 章 愤 怒

不满。你在用愤怒传达自己内心的感受。

成长过程中的每一个新体验都会给你带来能点燃你的情绪的新刺激，点点滴滴的积累，塑造出了今天的你——一个风度翩翩的少年或亭亭玉立的少女。你拥有丰富多彩的社会生活，你会因为很多原因而笑，也会因为很多事情而怒不可遏，比如，当得知朋友在背后说你坏话的时候，当父母不断地干涉你的生活的时候，或者当老师把本来不属于你的过错记在了你头上的时候。不过，和小时候相比，现在的你显然拥有更多可以用来应对愤怒的资源。比如，你具备了从多个角度来分析问题、考虑后果的能力，从记忆中吸取教训、借鉴过往经验的能力。确实，你现在已经开始准备利用愤怒来帮助自己更好地生活了。如果还没有到这一步也没关系，我们将通过这一章助你一臂之力，让你朝着这个方向加速前进。

事实上，从 11 岁左右一直到 18 岁，你的大脑可能很难控制你的愤怒（其他情绪也是一样的），因为在生命中的这个阶段，正如在这一章开头时所解释的那样，你的感受能力要比你的思维能力强大得多。你的大脑对于各种感受非常敏锐，每当有强烈的情绪被触发时，思考问题的能力就会受到抑制。"这场线上的足球赛玩得太垃圾了。我这是遇到了什么猪队友，他以为自己是CR7吗？！真有他的，现在又被判罚球了！够了，我要结束这一切！"想到这里，男孩愤怒地拿起手机砸向了墙上的电视屏幕。事情就发生在一瞬间，屏幕碎了一地，手机也报废了。如果你分析一下在这短短几秒钟之内所发生的事情，你会发现在这种情形下，这位男孩负责思考的那一部分大脑肯定去休假了。

拥有强烈的感受实际上是一件好事，因为它可以激起你去发现、去探索的欲望，但是长大也意味着你要学会驾驭自己的情绪，适时地调整情绪发动机。

总而言之，我们可以将愤怒理解为一种比思维跑得快的强烈感受。当我们意识到需要保护自己免受某种威胁或某种不愉快的体验时，当我们觉得自己受到了不公正的待遇或冒犯，或者我们在乎的人受到了冒犯时，这种强烈的情绪就会被触发。有时候，突如其来的意外事件、一系列不顺利的事情或者某种持续存在的讨厌刺激，也同样会激起我们的愤怒。事实上，能让我们感到愤怒的事情有许许多多，而且往往是很

第 4 章 愤 怒

难预测和预防的。愤怒有时会令人失控，驱使我们做出一些冒险甚至危险的举动。但是，如果我们能学会很好地利用这种情绪，那么它反过来又可以成为得力的工具，帮助我们让生活朝着更好的方向转变。同时，它还能将我们内心迫切的需要传达出来，通过改变那些会对我们造成伤害的事物，帮助我们更好地适应现实生活。

会爆炸的鸡尾酒

正如我们前面所提到的，愤怒是一种强烈的反应，当某件事让我们感到难以忍受时，它就会在我们内心点燃怒火。触发愤怒情绪的一般是两种感受，一种是挫败感（非常渴望的事情没有发生时的感受），另一种是束缚感（当我们的自由受到身体或心理上的限制时所引发的感受），但是这两者并非一定会点燃我们的怒火。假如你的朋友从背后紧紧地抱住你，扣住你的胳膊不让你动，这无疑是对你身体的束缚，限制了你活动的自由，但是你的反应却有可能是一边大笑，一边想办法挣脱。对于这位"侵略者"，你不仅没有生气，反而玩得非常开心。你会不会愤怒，实际上取决于你如何看待对你做出特定行为的这个人以及在你看来对方这么做的动机何在。如果上面的例子中抱住你跟你开玩笑的人不是你的朋友，而是一个你向来都不喜欢的家伙——你觉得他总想指挥别人，特别喜欢给别人制造麻烦，那么这个"玩笑"对你来说可能就会变得无法忍受。

因此，束缚和挫败是可能导致愤怒的两个原因。除此之外，还有其他一些因素会加剧这种情绪的爆发：

- 垃圾食品（薯条、牛角包、碳酸饮料、爆米花、烤肠、各种小吃……）。"我吃的东西跟我的情绪有什么关系？"你可能会这么问。事实上，它们的关系大着呢！研究表明，我们的饮食习惯（平时我们习惯于吃的东西）深刻地影响着我们的健康，也影响着我们的情绪。
- 运动，更准确地说是运动的缺乏。体育活动是最自然、最简单的情绪发泄途径。
- 对大脑有刺激作用的精神药物（大麻、可卡因等）。很多青少年会鲁莽地使用这类药物，但是你要知道，用这类能持续让大脑感到兴奋的药物来对大脑进行轰炸，会严重影响你的思维能力。
- 电子游戏。它们很好玩，但是也极具刺激性，容易让人上瘾。游戏的每个任务都设置了很多复杂的目标，与其他玩家的线上互动则让游戏变得更加刺激也更加紧张。过关升级会让人很有成就感，同时也会吸引着人继续去迎接下一关卡的挑战。只要你待在这个不断变化的虚拟世界里，新的挑战将源源不断地摆在你的面前，持续地考验着你和其他玩家，永无止境。
- 熬夜。睡眠对于保持良好的情绪至关重要。如果你前一天晚上没睡够，第二天早上就会立刻变得烦躁易怒。
- 压力。这一点非常致命，因为它会降低你自我调节的能力，导致你完全被情绪左右的风险大大提高。这不仅会发生在你的身上，你周围的许多人也都经常被紧迫的时间和繁重的任务压得喘不过气来。

现在，你已经掌握了足够的知识，来帮助你理解愤怒这种情绪。剩下的任务就是探索愤怒的表现方式，并且学会如何正确地利用它，让它为你服务。

愤怒有哪些表现

藏不住的愤怒

愤怒是看得见的！生气的时候，一般来说，我们全身上下都会展现出愤怒的状态：脸会涨得通红，额头紧皱，眼睛瞪得圆圆的，死死地盯着激怒我们的人，鼻孔扩张，嘴巴紧闭，牙关咬紧。同时，身体也会绷紧，肩膀挺直，脑袋伸向前方。胸腔会扩张，血管会肿胀，青筋会暴起。我们的双脚会牢牢地扎在地上，说话的音量不自觉地提高，声调也会发生变化。除此之外，还有一些变化是外人看不到的，比如，心跳加速，呼吸频率也陡然加快。这所有的一切仿佛都在为接下来的行动做准备，你的身体已经准备就位，随时待命。接下来会发生什么呢？这取决于你情绪的强烈程度和你控制情绪的能力。

我们的愤怒有两张面孔：一张是朝向你内心的（你的感受），另一张是朝向外界的，即你会怎么做

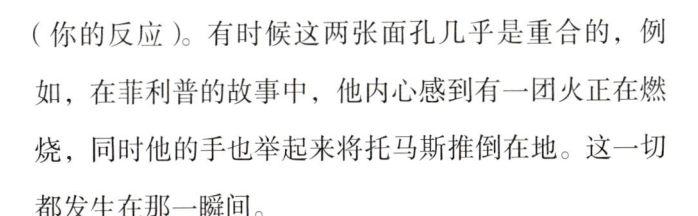

（你的反应）。有时候这两张面孔几乎是重合的，例如，在菲利普的故事中，他内心感到有一团火正在燃烧，同时他的手也举起来将托马斯推倒在地。这一切都发生在那一瞬间。

愤怒的沙袋

菲利普把自己的怒气发泄在托马斯身上，事实上，这种强烈情绪的发泄对象——我们称为沙袋（健身房里用来练习拳击的那种固定在地上的装置）包括很多种。愤怒的发泄有可能：

- 以人为对象。就像菲利普一样，我们有时会把怒火对准某个人、某群人或者某个更宽泛的群体（如同学、父母、兄弟姐妹、老师、朋友、敌人……）。
- 以物为对象。我们有时会把愤怒转移到某些物件上，如枕头、墙壁、门……某些情况下，甚至会不小心弄伤自己。

当以其他人为发泄对象时，愤怒的爆发会遵循以下两种动态关系：

- 单向关系。在产生矛盾的双方中，只有你自己一个人非常生气，对方并不生气（或者相反）。比如，当你在跟父母或老师吵架时，强烈的愤怒情绪使你的大脑一片空白、几乎失控，但是与此同时你发现站在你对面的人看上去非常冷静，完全没有被你的反应激怒。

- 双向关系。你气得发疯，而你面前的人比你还要生气，你们的互动是矛盾的升级，只会让愤怒温度计上的读数不断飙升。你吼对方，但是跟你吵架的人吼得比你还凶。

　　一般来说，愤怒的表象会让人更加愤怒。如果你冲动行事，对着某个人咄咄逼人地表达你的愤怒，那么对方很可能也会以同样富有攻击性的方式来"回敬"你，这无疑会使你更加愤怒。当你意识到自己正处于这种状态时，你的大脑中应该响起危险的警报，写着"停"的警示牌一定要在心中闪烁起来。这虽然很难，但是你也一定要努力地拉住刹车，与引爆愤怒的人或物保持安全的距离，从而保持清醒，不仅要用情绪脑，还要用理智脑来面对和解决问题。

男性的愤怒与女性的愤怒

　　男性和女性发怒的方式和程度上有没有区别呢？

第 4 章 愤 怒

这个问题并不能一概而论。我们可以说，比起男孩，女孩通常没有那么容易愤怒。她们常常会使用其他"武器"来表达自己的恼火，如批评或传播负面声音。事实上，在多种文化因素的影响下，这种差异自古以来就存在。历史上，在长达数个世纪的时间里，社会都不允许女性对愤怒做出反应以及在公共场合表达自己的愤怒。不论你是男性还是女性，你都应该清楚地知道自己想让别人怎么看待你，你想通过自己行动达到什么目的。只有这样，即使愤怒情绪全面爆发，你的大脑中也会及时弹出警示性的信息，比如，"注意，如果你有暴力行为或太过激进，你就有陷入麻烦的风险。这对你来说不划算"。如果想成为一个好相处、受欢迎的人，你就必须要学会控制自己的愤怒，更好地驾驭它，让它为你服务。

自控力像肌肉一样需要锻炼

▶ → 控制愤怒的能力是需要不断训练的。导演贾法·帕纳西的作品《越位》（伊朗，2006 年）讲述的是几个伊朗女孩的故事，她们渴望去德黑兰体育场观看伊朗国家足球队的世界杯预选赛，但是求助无

139

门，因为伊朗法律规定女性不得进入体育场。唯一的办法就是女扮男装，混过入口处的安检。

　　电影中描述了好几个女孩为此做出尝试的过程，但是最终她们都被拦了下来，关在一个根本看不到比赛的角落。负责关押她们的是一些刚入伍的年轻士兵。此时，无论是想进去看比赛的女孩，还是无奈的士兵，都有充分的理由大发雷霆。女孩儿们不明白这条法律有什么意义，她们用尽了各种办法想说服把她们拦在外面的士兵，可是除了一遍又一遍地听到他们回答"就应该这么做"，没有半点收获；士兵们也满腹苦水，因为他们被迫长时间地服役，军营里的日子非常难熬，处罚是家常便饭。

　　处于故事背景中的那些可以自由出入体育场的男性球迷，他们满脑子想的只有足球。愤怒也是在他们之间最先爆发的。当时，一群球迷正坐在开往体育场的大巴车上，大家都非常激动。突然，车上气氛紧张了起来，一个老人和一个年轻人开始高声互骂。没有人知道具体发生了什么，整个车厢转眼间乱作一团。司机呼喊着让大家保持安静，但是没有人听得进去，无奈之下，司机做出了一个出人意料的举动：他把车

第 4 章 愤 怒

子停下,自己也下了车,扬言称不载球迷们去体育场了。一开始,球迷们似乎还什么都没注意到,随后有人看到司机正头也不回地往前走。于是,所有人都下了车,追在司机后面,向他道歉,请求他回去继续开车,并且保证不会再制造任何麻烦。过了一会儿,司机接受了大家的道歉,重新坐在了驾驶室,所有的乘客也齐声唱起了赞歌:"司机是最棒的……"此时,车厢里的氛围跟之前完全不一样了,连刚才吵得不可开交的两个男人都聊起了天。原来,他们之所以争吵,是因为年轻人用过于粗鲁的方式表达了自己的某个看法,他说老年人不应该去体育场看比赛,因为他们去了也只能是累赘,听到这些话,老人就忍不住跟他吵了起来。而现在,那位老人正在讲述自己对足球的热情,告诉大家能去现场看一场足球比赛对他来说意味着什么,他真诚地表达了自己的情绪。那位小伙子也听得津津有味,并且向老人提问了一些他感兴趣的问题。最后,小伙子主动向老人道了歉,并且给了他一个拥抱。经过语言加工的愤怒,反而促成了一次美好的相遇。被关押的女孩儿们和士兵之间也是如此,他们双方都表达了自己的愤怒,但是没有对彼此造成任何伤害。事实上，这部电影的导演也有充足的理由感到愤怒，因为伊朗政府认定他的电影颠覆性太强而数次逮捕他，但是他毅然决定通过继续他的导演工作，来表达他对政府的愤怒和反抗。

因此，学会自控，并不意味着把自己的情绪完全封堵起来。如果你硬把愤怒藏在心里，不试着将它表达出来、传达给别人，那么愤怒反而会持续得更久，耗费你更多的能量，在很长一段时间内持续让你感到紧张和不安。研究人员证实，未能表达出来的愤怒对健康是有危害的。总是发怒的人，成年后更容易出现健康问题，如高血压、心脏病以及社交障碍。而处于另一个极端的人，只要遇到让自己生气的事情就立刻爆发，从来不考虑是否应该克制自己的反应，而是不停地寻找情绪沙袋（人或物）来发泄自己的愤怒。一端是毫不设限，像炸药一样一点就着，另一端是拼命克制，仿佛不会被任何事物触动，而处于这个极端之间的，就是自控。我们想帮助你通过训练去达到这种状态。

对我们有益的愤怒

假如在某次数学口语考试中，你明明准备了很

第 4 章 愤 怒

久，但是提问时老师还是当着所有人的面羞辱了你，说："你真的是一头蠢驴！"又或者，每次你全力以赴地认真训练时，你的队友总是在不停地嫌弃你："你这只蜗牛！""你太慢了！""你不会动吗？"……此时，你会有什么感受？遇到上面这两种情况，大部分人都很有可能会因为所遭受到的不公而感到怒火中烧。

愤怒可能会：

- 让我们爆发。

- 给我们勇气，让我们去完成虽然难度很大，但是为了讨回公道，让自己心里更舒服，我们感觉有必要去做的事情。

- 被封存在我们心里，不让任何人看见。

第一种和第三种情况一般收效甚微，但是第二种可以给我们带来非常大的收获。我们还是以上面的数学考试的场景为例，爆发（第一种情况）意味着你可能摔门而去，或者回到自己的座位上，一边大哭，一边把书全都塞进书包里，又或者跟老师恶语相向。当一个人在气头上的时候，他的反应是暴躁而且无法预测的。愤怒会致使你立即行动，是因为它需要为自己找到一个出口。去找老师面谈，告诉他当他评价你

143

是驴子时你内心的感受（第二种情况）或许是最难发泄愤怒的方式，但是肯定也是最成熟、最理智的。如果你辱骂了老师，你所得到的结果只能是一个纪律处分，此时你的愤怒所发挥的作用就是给你制造麻烦。相反，如果你能注视着老师的眼睛，真诚地告诉他你的感受，那么你很有可能会收到来自老师的道歉。此时，你的愤怒就向最开始触发它的人传达了一个非常有效的信息。如果你保持沉默，什么也没说（第三种情况），不把自己的情绪展示给任何人，你就只能默默地回到自己的座位上，陷入深深的挫败感，而这种感受显然不是一个好的生活伴侣。这样的分析同样也适用于你和你的队友之间的冲突。

如果愤怒可以得到恰当表达，那么它可以激发能量，传递信息，保护我们免受威胁，引发别人思考，让我们相信自己有能力应对困难和问题，面对不公时帮助我们勇敢地伸张正义，而不是做沉默的羔羊……

自控并不意味着不能自由地表现真实的自己。你可以对朋友生气，跟父母或陌生人也是一样的。能把自己真实的反应展示出来，让别人了解你的感受，这本身是一件好事。重要的是不要因此而造成伤害和

第 4 章 愤 怒

损失。

📖→愤怒之歌

怒火,怒火,

它是沙子的气息,

是游戏的热血,

是烈火的花朵。

它在阳光下燃烧,

耗尽一切的一切,

只留下我的心,

干枯而清洁。

——布鲁诺·托格诺里尼[1]

愤怒的"坏朋友":憎恨、攻击性和暴力

▶→ 由斯蒂芬·霍普金斯(Stephen Hopkins)执导的《黑色闪电》(德国、加拿大、法国联合拍摄,2016年上映)是一部非常精彩的电影,影片讲述了生活在美国的非裔运动员杰西·欧文斯(Jesse Owens)

---

[1] 布鲁诺·托格诺里尼(Bruno Tognolini),意大利儿童文学作家,主要创作短篇故事、绘本和诗歌,获得过两次意大利安徒生奖。——译者注

在纳粹政权时代历经艰辛参加 1936 年在柏林举行的奥运会的真实故事。当时,希特勒正在施行非常恐怖的歧视政策,他想借这届奥运会大肆宣传他的人种优越论。面对这项历史上独一无二的体育赛事,运动员们不知道该抵制还是照常去参加。欧文斯决定去参赛,并且一举拿到了四块金牌,创下了后来在美国保持几十年之久的伟大纪录。

影片中,欧文斯遇到了很多完全可以令他勃然大怒的情况:他信任的教练为了鞭策他而不断地对他挑衅,其他队的运动员侮辱他、拿他开玩笑,客场比赛时他经常被迫去"黑鬼"专用的洗手间和住处。他是毋庸置疑的世界冠军,但是得到的却是无名草芥的待遇。

影片的最后一幕是,在奥运会上取得赫赫战绩后,欧文斯和妻子回到了美国,他们盛装打扮,来到了为运动员举办庆祝活动的餐厅门口。然而,门卫却把他们拦了下来,不允许他们从正门进去,因为有色人种只能乘坐餐厅后门的货梯。面对这种侮辱,欧文斯完全有理由大发雷霆,冲着这个穿着制服、机械地重复一条毫无意义的规则的男子咆哮一通,但是他没

第 4 章 愤 怒

有，如今，他已经学会了如何管理自己的愤怒。他虽然感觉到怒火在心里炸裂，但是立刻将这种情绪跟理智连接了起来。他想到攻击门卫并不能改变现实情况，想到他刚刚赢得的金牌，越过眼前的不公想到自己的价值……或许他还想了很多很多。事实就是，欧文斯和妻子不想让任何人来破坏这个意义非凡的夜晚，他们保持着镇定，毅然走向了那个专为他们指定的入口。最后，他自豪地看向观众，仿佛是在告诉他们，即使站在货梯里，他的价值也是不容置疑的。欧文斯不仅在用极限的训练将自己打造成世界上速度最快的运动员，也在不断地磨炼自己对愤怒的控制能力，防止这种情绪以破坏性的方式爆发，对自己的职业生涯造成毁灭性的影响。

如果让你列举出几个不具备这种能力、容易被情绪左右、最终给自己和他人造成巨大伤害的运动员，你一定能列出一长串名单，里面不乏冲动暴躁的世界冠军，他们不仅无法驾驭自己的愤怒，还将其转变成可怕的暴力和攻击。如果你经常因为某个人或某件事而感到愤怒，并且无论如何都无法让事情发生转变，就有可能给憎恨创造温床。对于那位一直说你慢、说你胖或说你不行的队友，如果你一直什么都不说，没能制止对方的这种行为，那么最后你很可能会对他产生非常负面的情绪，甚至有可能开始恨他。我们要避免让愤怒变成憎恨。恨，是交流的终结，是一种决裂，是与某个人或某个事物彻底分离的最后陈词。憎恨是比愤怒更深刻的一种感受，它把发达的根系深深地扎在你的心里，让你失去爱的能力。

除了憎恨，愤怒还有一位叫作"攻击性"的"坏朋友"。所有试图从身体上或心理上去伤害别人的做法（如对别人大吼大叫，侮辱对方，朝对方吐痰等）都属于攻击性行为。如果真的动了手去攻击目标，如用拳头、巴掌、推搡等对别人造成了身体伤害或损坏了某些物品，此时，除了攻击性，愤怒的另一位损友——暴力也会同时现身。

欺凌 也叫霸凌，指的是某个人或某个团体对受害人（一个或多个）进行羞辱，使其感到不适的行为。欺凌者经常采用各种带有威胁性的暴力举动（如语言、动作、态度等）来攻击和伤害

第4章 愤怒

被欺凌者。一般来说，他们完全感受不到受害者的痛苦（缺乏共情能力），也正是由于这个原因，他们的手段有时会极其残忍。

共情能力 指的是设身处地地为他人着想，能深切地体会他人的感受并给予他人所需要的安慰的能力。为了更好地理解这个概念，你可以回忆一下：当你向朋友或某位成年人求助时，对方立刻理解了你的感受。你有过这样的经历吗？仔细看着面前的这个人，你会看到他确实在用心倾听你所说的每一句话，他能说出你最需要听到的话语，用温柔的肢体语言给予你安慰。如果小时候照顾我们的成年人也具备充足的共情能力，我们实际上从婴儿时期就开始了对这种能力的学习。因为当你呱呱坠地时，你的父母就开始学着辨别你的哭声有着怎样的含义，他们努力理解你的需求，为了把你照顾得更好，他们要对你的所有体验都感同身受。然而欺凌者却把宝贵的共情能力弃置一旁，因为他们根本没有站在他人的角度去理解他人的感受。

怀恨者 类似于中文网络世界中常说的"喷子"或"杠精",特指在网络上发动攻击性的仇恨言论的一群人。"喷子"不分男女老少,有各种社会背景。他们的仇恨言论经过网络的发酵和散播,会对攻击的对象产生极大的伤害,甚至演变成非常极端的恶性事件。有调查表明,"喷子"最喜欢攻击的对象包括女性、同性恋、难民、残疾人或名人。在英语世界里,人们用"Shitstorm"(狗屎风暴)来形容这种极具侵略性和歧视性的现象。

怨恨 一种针对某个人所产生的一种非常持久的感受,它可以在我们的内心成长壮大,变得非常强烈。当我们被某个人冒犯或伤害,而且没有及时得到补救和修复时,怨恨往往就会滋生,并且继续对我们造成伤害。这种情感常常是隐秘的,却可以持续很久,导致双方关系走向决裂。

如何应对愤怒情绪

跟其他情绪一样，愤怒也是你要学着去管理和正确表达的一种有用的感受。下面我们为你提供了五个实用的建议，可以帮助你提高管理愤怒的能力，更好地应对自己和你身边的人的愤怒情绪。

1. 从一数到十

这是一种非常简单却极其有效的方法。如果你在跟某个人吵架，或者看到某个人正准备对你大发雷霆，此时，你一定要按下"暂停"键，试着从当前的状况中抽离出来，以旁观者的视角去审视这件事。因为在愤怒的状态下去处理重要的问题，只会带来麻烦和损失。如果你正在跟自己生气（这种情况下你无法从中抽身），你可以试着换换环境，如出去转一转，分散一下注意力，让你的理智可以暂时远离那些令你不适、将你禁锢起来的感受。等大脑吸一会儿氧后再回过头来面对问题，这对你来说将大有裨益。

2. 换位思考

这是能将所有人从愤怒中解救出来的黄金法则。如果你的妈妈正在对你大发雷霆，比起列举各种理由来反驳她和为自己辩护，你最好这样回答："我知道是我的态度让你觉得不舒服了。""我知道你之所以这么生气，是因为你非常爱我，你是在担心我。"在暴怒的状态下，这也许是最难遵循的规则之一，但是如果我们能不断地训练自己这么做，我们应对愤怒的方式从此将被颠覆。我们面前的人无论多么生气，都会对我们的反应感到惊喜，因此对我们也会变得友好些。如果我们真的试着设身处地为对方着想，让对方觉得他的感受对我们来说很重要，那么我们就将打开沟通的大门，让化解冲突变得更加容易。不过，这并不是一个可以靠"演技"取胜的环节。如果你言不由衷，自己都不相信自己所说的话，那么你的漂亮言辞只不过是虚情假意，结果就会适得其反，很有可能让对方更加生气。因此，你要用这条法则来训练你的内心，而不是你的话术。

3. 降低音量

生气的时候，我们常常会不自觉地提高音量，会大喊大叫，会像连珠炮一样用语言轰炸对方，而这很有可能会带来矛盾的升级，引发暴力和攻击性的行为。此时，一个能有效防止愤怒继续升温的策略就是降低说话的音量。"不要大喊大叫。""告诉我是什么让你这么生气，不要冲我吼，不然我根本不知道你在说什么。"跟父母讨论问题也是一样的，有时候他们可能会失控，开始冲着我们叫嚷。面对这种情况，我们一定要学会控制自己说话的音量，大声反驳只能是火上浇油。如果有人因为愤怒而侮辱你，你也以侮辱"回敬"他，你们就有可能陷入无休无止的恶性连锁反应。

4. 拆除情绪炸弹

知道哪些态度、哪些情况、哪些话题或哪些人最容易触发自己的愤怒是非常有用的。如果某些事情会让你感到特别生气，比如，被人叫了某个绰号，或者家里无论发生什么事受到指责的总是你，又或者你的兄弟姐妹故意戏弄你让你烦躁不堪，你可以想一想这些为什么会发生，然后试着拆除掉这些情绪炸弹。如果你一个人没有办法做到，那么就向你信任的成年人求助，让他们帮着一起分析一下那些最常触发你愤怒情绪的事情。

5. 放松一下

有时候，采用一些能帮助我们放松的方法，可以有效地减轻压力，促使我们找回对情绪的控制感。腹式呼吸就是一个非常有效的放松技巧。将一只手放在肚子上，然后专注于自己的呼吸。通过鼻子慢慢吸气，使腹部膨胀，然后缓缓呼气，排空腹腔中的气体（一般我们都是通过胸腔的充气和放气来呼吸的）。通过这种方式，你将充分利用腹部正上方的肌肉——横膈肌来进行呼吸。如果想让这种技巧变得更加有效，你在生气的时候可以一边进行腹式呼吸，一边在脑海中想象一些积极和放松的画面（比如，浪花拍打海岸，你的身体舒展地躺在草坪上……）保持深呼吸，直到你的理智和愤怒拉开适当的距离，直到你能够驾驭愤怒，将愤怒当作让生活朝着更好的方向转变的引擎。

第 5 章

惊 讶

所有值得经验教给我们的东西,
经验都会通过惊讶来教会我们。
——查尔斯·桑德斯·皮尔士（Charles Sanders Peirce）

小测试

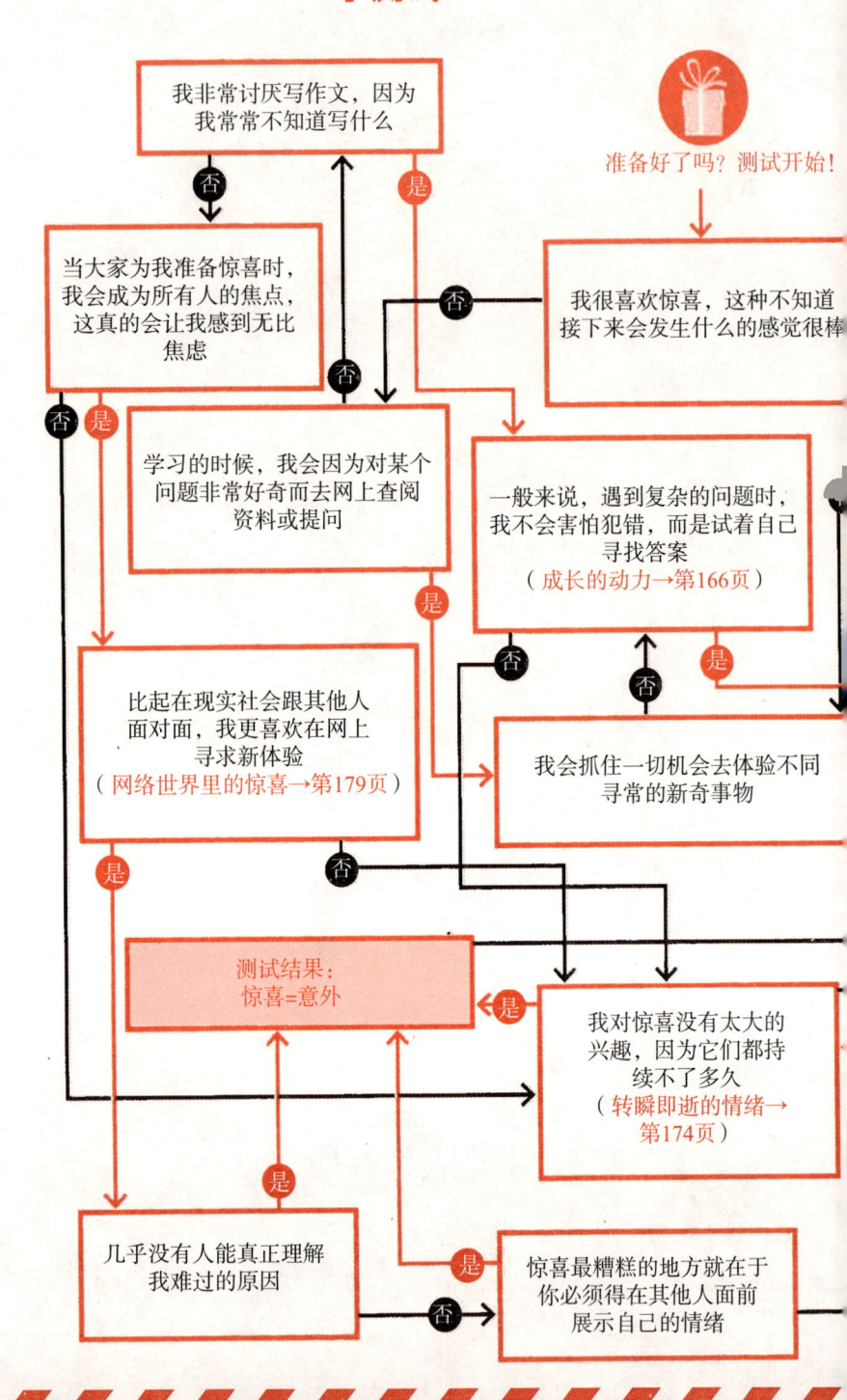

准备好了吗？测试开始！

- 我很喜欢惊喜，这种不知道接下来会发生什么的感觉很棒
  - 否 → 我非常讨厌写作文，因为我常常不知道写什么
    - 是 → 当大家为我准备惊喜时，我会成为所有人的焦点，这真的会让我感到无比焦虑
      - 是 → 学习的时候，我会因为对某个问题非常好奇而去网上查阅资料或提问
        - 是 → 比起在现实社会跟其他人面对面，我更喜欢在网上寻求新体验
          （**网络世界里的惊喜→第179页**）
          - 是 → **测试结果：惊喜=意外**
          - 否 → 几乎没有人能真正理解我难过的原因
            - 是 → 惊喜最糟糕的地方就在于你必须得在其他人面前展示自己的情绪
- 一般来说，遇到复杂的问题时，我不会害怕犯错，而是试着自己寻找答案
  （**成长的动力→第166页**）
  - 是 → 我会抓住一切机会去体验不寻常的新奇事物
  - 否 → 我对惊喜没有太大的兴趣，因为它们都持续不了多久
    （**转瞬即逝的情绪→第174页**）

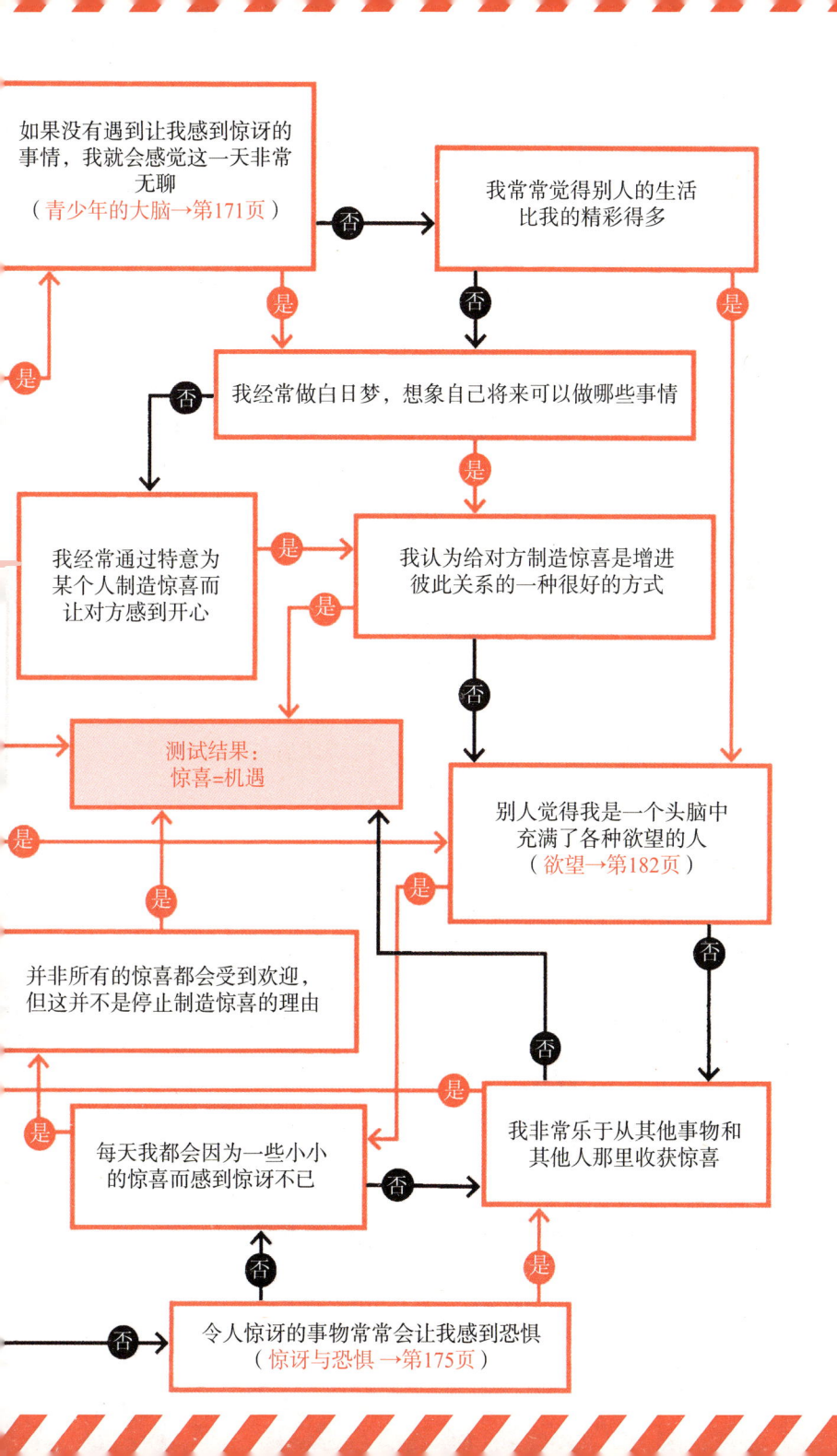

```
┌─────────────────────┐                    ┌─────────────────────┐
│ 如果没有遇到让我感到惊讶的 │                    │ 我常常觉得别人的生活    │
│ 事情，我就会感觉这一天非常 │ ──否──►            │ 比我的精彩得多         │
│        无聊          │                    │                     │
│ （青少年的大脑→第171页）│                    │                     │
└─────────┬───────────┘                    └──┬──────────────┬───┘
          │是                                   │否            │是
     ▲    ▼                                   ▼              │
     │  ┌─────────────────────────────────────────┐          │
     │否│ 我经常做白日梦，想象自己将来可以做哪些事情  │          │
     │  └─────────────────┬───────────────────────┘          │
     │                    │是                                  │
┌────┴──────┐      ┌─────▼──────────────┐                    │
│ 我经常通过特意为│是│ 我认为给对方制造惊喜是增进 │                   │
│ 某个人制造惊喜而├─►│ 彼此关系的一种很好的方式   │                   │
│ 让对方感到开心 │  └────┬───────────────┘                    │
└───────────┘     是│    │否                                   │
                   │    ▼                                     │
        ┌──────────▼──────┐        ┌────────────────────┐     │
     是 │   测试结果：     │        │ 别人觉得我是一个头脑中│◄────┘
  ◄────┤   惊喜=机遇      │        │ 充满了各种欲望的人   │
        └─────▲───────────┘  是    │ （欲望→第182页）    │
              │           ◄────────┤                    │
     是       │                    └──────┬─────────────┘
  ◄───        │                           │否
┌───────────────────┐                     │
│ 并非所有的惊喜都会受到欢迎│                   │
│ 但这并不是停止制造惊喜的理由│◄──否────────────┤
└───────────────────┘                     │
     是│                                   ▼
      │            ┌──────────────┐   ┌────────────────┐
      │        否  │ 每天我都会因为一些小小│  │ 我非常乐于从其他事物和│
      │       ◄────┤ 的惊喜而感到惊讶不已 │  │ 其他人那里收获惊喜  │
      │            └──────┬───────┘   └────────────────┘
      │                   │否              ▲是
      │                   ▼                │
      │     ┌─────────────────────────────────┐
      └─否──┤ 令人惊讶的事物常常会让我感到恐惧     │
            │ （惊讶与恐惧→第175页）             │
            └─────────────────────────────────┘
```

测试结果

你的类型：惊喜 = 意外

"给你的惊喜！"每当你听到有人这样宣布，比起开心，你感到更多的反而是焦虑。你知道大家很期待看到你收到惊喜后激动而又兴奋的样子，他们希望你能表现出自己的情绪，欣然地接受将要发生的事情，然而，你内心好像突然短路了，你甚至希望自己能原地消失，哪怕只消失一会儿。你也不知道这是为什么，但是新事物和意想不到的事几乎每次都会触发你身体里的报警信号。当你对自己应该做的事能够完全掌控，尤其是当你预先知道接下来会发生什么时，你会表现得更好些。因此，有时候你不得不在为你准备惊喜的人面前假装开心。不过，或许这还不算什么，对你来说真正的挑战是生活中的意外，那些毫无征兆地突然出现在日常生活里的大大小小的事件，常常让你觉得无力招架。你害怕生活中的"新客"会要求你做出改变，让你不得不去做自己不擅长的事情，所以最好不要冒险，不要暴露自己。在印第安纳·琼斯和唐老鸭之间，你肯定会毫不犹豫地选择扮演后者，那只家喻户晓的、有史以来最有名的鸭子。给你一条宝贵的建议：请你试着暂时将自己的焦虑打包，给真正在乎你的人一个惊喜，主动跟他分享某个让你感到很难受的意外事件，再向他讲述一个给你带来过美好体验的惊喜（我们相信你在生活中肯定有这样的经历），然后和对方一起读一读后面的建议。

你的类型：惊喜 = 机遇

透明的生活对你来说没有什么吸引力。每天早上，只要你的一只脚从床上下来，你就开始期待在新的一天里会邂逅些新奇的事物。如果老师搞突袭，突然宣布要考试，你当然不会激动得上蹿下跳。不过，当得知因为有一位非常想见你的阿姨突然远道而来，你必须得放弃某个重要的比赛时，你也不会大惊小怪。有时候，生活给我们制造的惊讶错综复杂、出乎意料、令人疲惫，但是你知道无论如何都是要面对的，你相信自己可以应付得来，不会有太多的问题。当然，有时你也会跟一些美好的惊喜不期而遇，比如，在地上捡到一枚硬币，收到派对的邀请，在枕头下面发现一张朋友或父母留给你的纸条。除了这些，你所能看到的身边事物也会让你感到惊奇：一株植物，一辆漂亮的汽车，一处美丽的风景……只要你的眼睛没有盯着电子屏幕，你就能发现许多其他美好的点滴。你喜欢冒险和寻求新的体验，只要有人邀请你，一般来说，你都会欣然接受。新事物从来不会让你感到害怕。可以的话，请你也帮助身边的人去发现意外之美吧！

小故事

我是一个相当内向的人。我也很想像我的很多同学一样，无论遇到什么情况，总能迅速地找准自己的位置；无论遇到什么人，都知道该说什么。但是很遗憾，我做不到。在人际关系中是这样，在遇到事情的时候也是这样。我只有在"确定"和"安全"中才能正常运行。如果你们过于频繁地更改我的剧本，或者一股脑儿地塞给我太多的新东西，我就有可能像突然断电似的，一动不动地待在原地，或像瘫痪了似的，而且会出丑闹笑话。在热闹的聚会上，我经常是那个独自坐在旁边的"摆设"：如果有我不认识的人凑过来，我的心就会提到嗓子眼儿，我觉得站在十几米外的人大概都能听到我的心跳声。总而言之，只要是新事物，对我来说就一定是个挑战。我很享受自己平静的日常生活。在众多爱好中，写作是我最喜欢的事情之一。我在日记中什么都写，诗歌，歌词，短篇小说。我的梦想是出版一本小说。没错，一本真正的书，和一家正规的出版社合作。然而，就在六个月前，这个爱好却给我带来了一段像坐过山车般的经历，一切都发生得那么猝不及防，多种矛盾的情绪同时向我袭来。我的大脑顿时一片空白。

  我还是从头开始讲吧。有一天，语文老师兴冲冲地走进教室，手里拿着一份竞赛通知。"现在有一个针对你们这个年龄段的学生设立的文学大赛，主题是'成长即探索'。有谁想试一下吗？奖品非常丰厚。"老师虽然是对全部同学宣布的，但是不停地朝我这边看。因为在她的课上，我的成绩一直是最好的。对于数学，我基本上只能勉强应付，但是如果说到读书、作文，或者给校报写文章，我是从来都不会退缩的。很显然，老师希望至少我能响应她的提议。她没有失望，我确实举了手，而且是全班唯一的一个。"很好，特雷莎。"她欣慰地对我说。过了不到一周，我就把写好的文章交给了她。我从改变世界的几位大人物的故事入手，试图证明"欲望"才是进化的真正动力，而富有"渴望"精神的人，就像一直在寻找新大陆的探险家，他们知道如何活得风生水起，也知道如何在世界上留下自己的痕迹。说起来简单，做起来难，对

第 5 章 惊讶

我来说更是根本不可能。

过了大约两个月,语文老师拿着一个信封走进了教室。"恭喜你,特雷莎,上次的比赛你得奖了!"教室里立刻爆发出热烈的掌声,我的脸当时一定通红,不过,这反正是我自找的。我感到很尴尬,但是总归是一种让人开心的尴尬。我既羞涩,又高兴,老师接着宣布:"你将去美国旧金山的一所高中交流学习一个月,和那里的学生一起上课,住在一户加州人的家里。"这时候,很多同学都瞪大了眼睛,朝我投来了羡慕的眼光。对他们来说,这是多么难得的探险机会,为此付出任何代价他们都在所不惜!而我,已经把这个机会握在手里的人,却陷入了惊慌。我立刻开始在心里咒骂当初决定参加这个比赛的自己。我本可以随便胡乱写点什么,何必像平时一样认真,非得追求完美。放学后,我焦虑万分地回到了家。我妈妈简直不敢相信,面对这样天大的好消息,我竟然把自己关在房间里哭,还要求任何人都不要打扰我。那天晚上,爸爸很认真地对我说:"特雷莎,当像这样的一列火车从你面前经过时,你需要勇敢地上车。如果你不去,有可能会为此而后悔一辈子。一个月,只有一

我的 6 个情绪朋友

个月而已。30 天听起来好像很长，但是一下子就过完了。你可以去试上 10 天，如果 10 天后你坚持不下去，我向你保证，你随时都可以回来。"爸爸的话铿锵有力，响亮而清晰地回荡在我的脑海里。10 天不是 30 天，我应该可以勉强撑过 10 天。就这样，我出发了。我噙着眼泪跟爸爸和妈妈告了别。妈妈也哭了。爸爸抱了抱我，然后看着我的眼睛，坚定地对我说："我真的很为你而骄傲。"这句话结结实实地落在了我的心坎里。

随后的一切都来得很快：办理登记手续，登机，飞机升入天空，意识到自己正在飞往世界的另一端，独自一人，人生中的第一次，去往所有人都说着另一种语言的陌生学校。抵达旧金山时，我已经精疲力尽。长途飞行，时差，不一样的语言……我感觉自己有点像外星人。不过，在出口处，我见到了热情迎接我的卡尔和戴安娜，这两位收留了我 30 多天的长辈，他们 50 多岁，对我非常友好。接下来的事情不用说你们可能也猜到了，3 天后，我甚至已经完全忘记了跟爸爸的约定。我非常享受在加州的那一个月，每一刻都非常享受。

第 5 章 惊 讶

　　回来以后，我真的变了很多，从里到外都变了：我换了造型，不再穿得那么正式，开始变得更休闲运动，在人际交往时也放松多了。在学校里，我似乎多了很多朋友，少了很多问题。爸爸帮助我做出了正确的决定，如果靠我自己，我很可能会因为害怕而选择留在家里，那将会错过一个多么珍贵的机会。登上那架飞机真的太值得了。我发现，不了解的事情可能会让你害怕，但是可以带给你最妙的惊喜，在你的人生行囊里装满难忘的经历，让你成为一个更好的自己，而这也正是我的亲身经历。因此，我会永远感谢我的老师、我的父亲，还有卡尔和戴安娜，当然也要感谢我自己。正是因为当初对这次旅行奖励说了"是"，如今，我不仅发现了一个新的世界，也发现了一个新的自己。

惊讶是什么

我渴望它……但是它是什么呢？

如果"惊喜"这个词只会让你想到复活节的彩蛋，那么对于这种对我们的成长起着推动作用的情绪，你还有相当多精彩的内容要去发现。是的，因为想要长大，你就必须经历生活为你准备的各类"惊喜"，否则，你就会停在原地，跟同样的人和一成不变的生活绑定在一起，只能在非常有限的范围内活动。或者说，你甚至有可能连一步也不会移动。惊讶，是我们在面对新事物和意想不到的事情时会被触发的一种突如其来的情绪。

一般来说，惊奇的感觉还是相当令人愉快的，但是也有一些惊讶不那么受欢迎，因为它们会让我们措手不及，或者让我们感到害怕。我们可以将惊讶想象成一种中立的情绪，它常常会跟另两种情绪手挽着手：一边是喜悦，因为有一些惊喜是我们喜欢的，能

第 5 章 惊讶

给我们带来快乐；另一边则是恐惧，因为有些意外的状况是我们不喜欢的，会让我们迷失方向。惊讶是文艺作品中非常重要的一种元素，我们在电影、小说和谜语中都能看到它的身影。一个自始至终都不能让人感到惊讶的故事肯定是无聊的，注定不能勾起听众的兴趣。稍加留意你就会发现，广告中也会大量使用惊讶的元素来吸引大众。如果六种基本情绪中缺少了惊讶，那么我们人类很有可能到现在还躲在某片原始森林繁茂的枝叶后面，捕杀猎物的同时祈求自己不要成为猛兽的猎物。正是惊讶这种情绪，使我们不满足于只是生存，促使我们去探索新的道路，追逐全新的体验。

▶ → 精彩且搞笑的动画影片《疯狂原始人》告诉我们的正是这个道理。影片讲述的是一直跟家人躲在山洞里生活的少女小伊渴望去探索洞外精彩世界的故事。老爸瓜哥（Grug）胆小谨慎，对家人有着超强的保护欲，小伊一家六口在他的庇护下过着一成不变的山洞生活，他们每次离开山洞只有一个目的，那就是在爸爸的带领下出去打猎。渴望走出山洞的小伊和想永远把她留在自己的羽翼之下的父亲难免产生矛盾，因此，争吵成了每天的主旋律。

　　一天夜里，小伊从山洞里逃了出去，遇到了一个叫盖（Guy）的男孩，在盖的带领下，小伊第一次看到了火，而且他告诉了小伊一个惊人的消息：地震即将来临。找到小伊之后，爸爸狠狠地惩罚了她，因为没有人允许她独自一个人走出山洞！后来，盖所说的地震真的发生了，瓜哥一家的山洞被地震摧毁，他们不得不开始寻找新的家园。旅途中充满了各种意外，但它是关于"明天"的探索之旅，是离开那个封闭了太久的外壳，为所有人寻找一个新未来的发现之旅。

　　整部电影是一个非常美妙的譬喻，它讲述的是一个人挣脱掉跟大人捆绑在一起的绳索，独立地迈出第一步，开启自由探索之路的成长之旅。从这个角度来说，《疯狂原始人》实际上是一部歌颂惊讶情绪在我们生活中的价值的电影，正是这种情绪，让那些生活的探险家闪闪发光。他们不满足于依赖确定的、已知的东西，而是勇敢地去追逐心中的"渴望"。他们知道它肯定存在，虽然还不清楚它是什么，甚至不知道它长什么样子。正是这种情绪，驱使着探险家们朝着他们完全不了解的未知土地进发。

第 5 章 惊讶

机缘巧合 意大利语中有个词叫"serendipidità",它来源于英文中的"serendipity",这个词用起来并不容易而且也不太常用,然而在这一章中,用来形容当你本来在寻找其他东西,但是由于巧合,意外地有了新发现的幸运经历却非常恰当。这个词也可以应用在科学领域,如青霉素的发现就完全是机缘巧合。生物学家亚历山大·弗莱明当时正在研究杀灭葡萄球菌的方法,有一天,他意外地发现偶然出现在盛放葡萄球菌的容器的一簇霉菌,把所有的细菌都杀死了(青霉素是霉菌的提取物)。如果是其他漫不经心的研究员,可能会把容器整个丢进垃圾桶,一无所获;但是细心的弗莱明却机缘巧合,取得了了不起的新发现。同样机缘巧合的幸运可能也会降临在你身上,比如,当你整理房间的时候,突然发现了那只对你来说很重要、但是你找了几个月都没找到的手镯。

我的6个情绪朋友

与你一同成长的伙伴

虽然你肯定不记得了，但是从一出生开始，你其实就在明确地告诉所有人，你非常喜欢新奇的事物所带来的惊喜。六个月大的时候，每当有人跟你玩"躲猫猫"的游戏，你就会毫不吝啬地送上又惊又喜的灿烂笑容。继续长大的过程中也是一样的，每当身边发生了意想不到的事情，你都会欣喜万分。比如，有一次大家瞒着你为你准备了一个惊喜派对；还有一次放学回家，你意外地发现你深爱的姑姑竟然没提前说一声就远道而来了。有时候，一个声音、一种味道或一种触感也足以让你觉得惊奇。比如，当戴上一位亲爱的朋友送你的围巾时，无比柔软的感觉或好闻的味道瞬间就给你带来了一种新奇感受。遇到这类情况时，就算你没有说话，你的表情也足以告诉身边的人你有多么惊讶。现在能激发你惊讶情绪的东西跟小时候已经完全不一样了，但是这种情绪的强烈程度还是一样的，或者说，有可能比以前还要强，因为青春发育期的开关已经触发，成长的加速键就此按下，引擎已然开始转动。

你看起来还是原来的你，几个月前，你还坐在小

第 5 章 惊讶

学的课桌前，妈妈还在认真地把你的头发梳成偏分，你最期待的事情还是周日可以跟表哥表姐们一起玩耍……但是现在这些对你来说不够了，不能满足你的需求了。

在前青春期，情绪脑会占据上风，不知疲倦地驱使着你去寻找新的情绪和新的感官体验。你对一切都充满了渴望，快乐的，悲伤的。你呼朋唤友，或聚会狂欢，或一起去探险，但是与此同时，你也需要有一位朋友随时可以跟你一起流泪，听你倾诉你在爱情里所受的伤。你的情绪似乎全都被放大了，像过山车一样，不断地起起伏伏。在青春期，你的大脑会绕开一切单调乏味的东西。大脑并不会明确地告诉你这一点，只是默默地暗示你，然后不停地催促你去寻找新的刺激。一般来说，前青春期的孩子在父母看来都是无可救药的叛逆魔王。

我的6个情绪朋友

> **震惊** 某种身体或心理上的突然刺激对某个人造成强烈的冲击，使其产生难以控制的强烈不安，这种状态我们就称为震惊。比如，晚上你独自走在路上，突然有人抓住了你的胳膊，或者夜里突然响起了警报声，电视新闻里播报了一个噩耗，等等。震惊所带给我们的感受，是茫然不知所措。有时候，本来对别人来说是惊喜的事情，对于我们而言却有可能非常震惊。比如，在街上突然碰见了前男友/前女友，对方拦住你要跟你聊一聊，这一切发生得猝不及防，很有可能让你陷入惊慌。面对让你震惊的事情，最重要的是运用理智来寻找最好的应对策略。如果觉得太困难，那就需要及时向别人求助。

谈起处于这一成长阶段的子女，爸爸妈妈都觉得他们仿佛是在一夜之间就变成了可怕的外星生物。"他本来是多好的一个孩子，那么听话，那么乖巧，可是现在……我已经认不出他是谁了，一天到晚顶嘴，从早到晚都在惹祸。"父母很难接受的一个事实是，在

第 5 章 惊讶

前青春期，乖小孩的大脑会突然变成探险家的大脑。那种从未经历过的、被按下加速键的感觉如此惊人，你渴望加速前进，朝着生活，朝着其他人，朝着家门外所有值得探索和发现的新事物。这种需要，这种渴望，在整个青春期都会不断地增强，变得越来越势不可挡。

惊讶有哪些表现

转瞬之间发生

惊讶是六种情绪中持续时间最短的一种，它突然到来，然后倏然而逝，惊讶的效应刚一生效，它就会立即消失不见。触发惊讶情绪的情况和刺激有很多种，你身体上所出现的反应也相应地会有不同。假设你推开家门，发现有人悄悄地给你安排了一场派对。在你刚刚看到眼前的场景的那一刻，如果给你的面部表情来一张特写，你会发现里面混杂着非常矛盾的情绪，因为在那一刻惊讶的感受还没能跟你的思考能力挂上钩，你尚且无法判断眼前发生的究竟是一件好事还是一件坏事。在你试着将自己重新安放回现实生活中之前，那个令人不安的瞬间会通过你的身体向外界宣示它的存在。

下面是惊讶时我们的身体所表现出来的一些典型反应：

第 5 章 惊 讶

- 眉毛上扬,眼睛瞪大,虹膜周围会露出更多眼白。
- 嘴巴会张开,仿佛牵引着下颔的肌肉突然断了似的(当某个人说了一件我们完全没预料到的事情时,我们确实经常用"下巴都掉下来了"或者"目瞪口呆"来形容这种十分惊讶的感觉)。
- 由于眉毛向上移动,额头上会出现横向的皱纹。

想象你现在正在课堂上,语文老师拿着作业本走了进来。你正在整理文具盒,突然,老师喊了你的名字,让你去讲桌旁边。你可能本来正埋着头,沉浸在自己的世界里,突然听到有人叫你,你预感到老师要当着全班同学的面讲评你的作业。你还不知道接下来会发生什么,可是你感觉内心有一种情绪顿时被触发,事实上,就在那一瞬间,虽然你几乎没有注意到,但是这种情绪已经在你的身体上引发了一系列微小的动作。想要将惊讶定格在画面中,你必须是非常出色的摄影师,因为它是一种突然的、瞬间的、稍纵即逝的情绪。

恐惧是惊讶的桎梏

在成长的过程中,如果可以在惊讶情绪的引导下一路前行一定是非常美好的经历。然而，这种情绪很容易跟六种情绪中的另一种发生冲突，它就是恐惧。这两种情绪都是在面临突然出现未知事物时被触发的，但是它们的作用截然相反。恐惧会让我们冻结，让我们僵在原地，就算我们能移动，也是背离引发恐惧的事物，朝着相反的方向躲避。而惊讶却恰恰相反，它会让我们感到一种莫名的激动，一种对新事物的兴奋和期待，使我们几乎不可能保持静止。你想迅速地朝着它移动，一分钟都不想浪费。不过，说起来容易做起来难。因为要战胜自己的恐惧，在一片混沌的未知中，完全依靠探索的力量去捕捉那件令人惊讶的东西，这对于很多人来说相当困难，甚至让人害怕。在这件事情上，父母往往发挥不了什么积极的作用，因为他们都希望自己的孩子尽可能地少去冒险，希望他们去走熟悉的康庄大道，不被任何所谓的"意外"绊倒。而且，通常情况下，父母永远都不愿意跟孩子分开，他们想永远把孩子留在身边。

美国心理学家珍·特温格（Jean Twenge）出版了一本名叫《i世代》（*iGen*）的著作，书中将如今的青少年与10年、20年和30年前的孩子做了对比。

第5章 惊讶

这个调研报告在世界范围内引发了激烈的讨论。特温格的研究表明，现在的孩子很少"依靠"惊讶情绪，他们不会去涉足有可能招致错误或带来失败体验的境地。简单来说，比起出去冒险"侦察"，这一代的孩子"在庇护下"要活得好得多。跟几十年前的同龄人相比，他们出门的次数更少，面对面认识的朋友更少（虽然在社交网络上有数不清的好友），恋爱的次数少得多，而且拿到驾照的时间也比以前晚得多。总之，这代年轻人更乐于待在家里，他们把房间当作探索世界的据点，对虚拟世界的依赖要远远高于现实世界。

当心大灰狼！

网络的世界似乎一切皆有可能，而且完全开放，没有边界。你只需要动动手指，就可以跟世界另一头的人聊天，甚至谱写一段爱情故事。你也可以进入成人网站，只要谎报自己的年龄，在自我声明项打个勾，声称自己已经成年就可以顺利注册。然而，年轻的男孩女孩们在网上所遇到的"惊讶"并非都是积极的，因为这片看似平和自由的疆土，实际上潜伏着他们一无所知或根本意识不到的陷阱和危险。对于毫无

我的 6 个情绪朋友

防备地在网络空间里探险的孩子来说，这可能会带来非常严重的问题。

▶ → 在这个意义上，安妮——电影《信任》（Trust）的主人公——的故事就很具有代表性。在自己的 14 岁生日之际，安妮收到了一件令她非常兴奋的礼物——一台个人电脑，从此，她拥有了独立上网的自由。

一天晚上，在一个线上聊天室里，安妮认识了查理，一个自称 16 岁的男孩，并由此开启了一段线上的交往。两个人每天都要聊天，他们能互相理解，当女孩在生活中遇到不顺心的事情时，男孩就会贴心地安慰她。那段时间安妮刚刚升入高中，她感觉自己没有办法融入新同学的圈子，因为他们看起来都比她更"前卫"，更"老练"。在安妮看来，跟查理的关系是"出乎意料"的，因为他带给了安妮被倾听、被接受和被爱的感觉。通过日复一日的聊天，他们的关系变得越发亲密，查理也逐渐敞开了心扉。此时安妮才发现，查理并不是只有 16 岁，而是一名大学生。虽然被发现谎报了年龄，但是查理还是成功地保住了跟安妮的关系，后来还找机会向安妮提议线下见面。安妮答应

第 5 章 惊讶

了，但是出乎她意料的是，她发现一直在跟她聊天的竟然是一位 40 多岁的大叔。这个"意外"让安妮非常震惊，她很困惑，不知道接下来该怎么办，而这种情感上的慌乱显然对于解决问题来说是有弊无利的。

这部影片同时也告诉我们，网络其实也可以变成小红帽的"森林"：她走进森林去寻求精彩的新体验，但是上当了，落入了危险的陷阱。

> **性引诱** 指成年人出于与性有关的目的，通过线上聊天、博客、论坛等工具接近未成年人，骗取他们信任的行为。为了让男孩或女孩们放松警惕，他们往往会伪装自己的真实身份，假装自己与受害人使用共同的语言，有相同的兴趣爱好。根据相关法律规定，对未成年人进行性引诱是犯罪行为，任何为了性目的而欺骗未成年人的行为，即使未能见面，也都将受到法律惩罚。

对于你们这一代孩子来说，网络已经成了最新的前沿阵地，成了最受欢迎的探险区。如果你经常在这片区域活动，请你一定要牢记两个基本原则：
- 网络上所发生的一切都有可能对现实生活产生影响，就像电影《信任》中安妮的经历一样。
- 在网络上，我们做事情很容易失去控制。之所以如此肆无忌惮，是因为我们总觉得所有发生在网络上的事情，反正也会结束在这个没有时间也没有地点的容器里，一切都好像不具备实质性。可事实并非如此，在网络里需要极强的责任感和高度的自律。网上发生的一切将会永远地被保存下来。

在网络世界里，你的每一次点击都会留下你的"指纹"。更可怕的是，这些指纹一旦留下就是不可磨灭的。因此，不论过去多少年，只要有人想知道，就完全可以把你在网上的所有浏览痕迹全都翻出来。想象一下，10年或15年以后，毕业后的你迎来了自己的第一次求职面试。你来到了约好的地方，面试官看完你的简历后，当着你的面登录了各大社交平台，把你以前发表的帖子和照片都翻个遍。他的视线在其中的几张照片上额外多停留了一会儿，你自己都不记得什么时候发过这样的照片，在那一刻，你感觉尴尬极了，恨不得有个地缝钻进去。太要命了！好吧，但是

第 5 章 惊讶

你要知道这样的情况离现实确实不远了！

线上玩乐国

如今，网络其实变得很像卡洛·科洛迪（Carlo Collodi）在《木偶历险记》中所描述的玩乐国。在那个国度里，一切都那么新奇，那么有趣。那里没有规则，也没有大人跟在身后随时提醒你要遵守规则。而很多青少年的行为就像匹诺曹的朋友卢奇诺罗，他邀请匹诺曹逃学，跟着他一起去往那个"享乐就是唯一的义务"的非凡国度。然而，尽情狂欢了一天之后，第二天早上，两个人醒来却发现自己长了一对巨大的驴耳朵。网络的风险就在于我们很容易沉溺于其中，失去分寸，不再给上网的时间和内容设立任何限制。为此，日本人专门发明了一个词叫"蛰居族"，用来形容一个不愿走出自己的房间门、将所有时间都花在电脑前的以男性为代表的青年群体。这是一种与社会完全隔绝的状态，蛰居一旦成瘾，想要戒掉就变得非常复杂。

比起沉迷于虚拟世界，在现实生活中进行真正意义上的探索要好得多——勇敢地面对日常生活送到我们面前的所有未知事物，日复一日，一个"惊讶"接着一个"惊讶"，终将找到属于自己的路。这当然不是件容易的事情。尤其在青春年少时，对于犯错的焦虑时常萦绕在我们的脑际。更不要说还有父母"添油加醋"，将他们的焦虑和恐惧也投向我们。"你当心点！""你仔细想想！""不要想一出是一出！"每一个警告都让我们脚下的土地嘎吱作响，随时有可能山体滑坡。焦虑在增加，对犯错的恐惧也同样在飙升。

播种欲望，惊喜才能破土而出

先有欲望，才有惊喜和新奇的发现。只有成为"渴望者"，才能"创造"出精彩的东西，才能逃离焦虑和恐惧的魔掌，才能塑造出原本不存在、但是因为我们的努力和意志而有了存在的可能的东西。渴望使我们专心致志地朝着目标前进，激励着我们激流勇进，去冲破途中的一切限制和障碍，直到目标实现为止。而这一切都在《贝利叶一家》的故事里被展现得淋漓尽致。

▶ →《贝利叶一家》是一部非常有趣而且与众不同的电影。故事的主人公是16岁的宝拉，她的父母

第 5 章 惊 讶

和弟弟都是聋哑人，家里只有她是健全的。她跟家人用手语交流，为他们担任手语翻译，在生活的很多方面给予他们支持。作为一位少女，她有自己的烦恼和需求，而残疾的家人也无可否认地需要额外的照顾，这个重担只能落在她稚嫩的肩膀上，宝拉的生活就被这两者无休止地拉扯着。

有一天，宝拉的音乐老师托马森（Thomasson）发现了她在唱歌方面的天赋，于是建议宝拉加入学校的合唱队，作为主唱和她喜欢的男孩加布里埃一起演绎一段双声部作品。老师还提议让她参加法国广播电台的新秀选拔，如果能通过选拔考试，她就可以去首都巴黎深造。这个意外的消息让宝拉全家都陷入了恐慌，最为难的是宝拉自己，因为她知道这是一个绝无仅有的好机会，无论如何都不应该错过，但是与此同时，她的家人也让她明白，如果她搬去巴黎，没有她的帮助和照顾，生活对于他们来说将变得举步维艰。宝拉要做出一个艰难的抉择：她很想抓住这个令人难以置信的机遇，插上翅膀拥抱自己的未来，但是同时她也很害怕没有了她，父母会很难坚持下去。在恐惧和欲望之间挣扎的宝拉，就这样放弃了试镜的机会。

然而，出乎意料的是，导演为观众安排了一个激动人心的结局：宝拉最终站在了评委面前，她同时用歌声和手语，为评委和父母"演唱"了歌曲《远走高飞》。真好，宝拉终于卸下了家人的期待带给她的重担，播下了欲望的种子，把命运掌握在了自己手中，飞向了属于自己的未来。

事实上，我们跟父母产生矛盾的根源往往都在这里，他们想让一切都处于自己的控制之下，而我们却渴望不顾一切危险，纵身跃入未知。

追星星的人

📖→ 通过阅读《宇航员学徒日记》——意大利第一位执行太空任务的女航天员萨曼塔·克里斯托福雷蒂（Samantha Cristoforetti）的自传，我们可以看到惊讶和渴望这两种重要的动力是如何支撑她一步步攀登通往梦想的阶梯的。从小时候起，萨曼塔就知道自己的使命是"在星星之间飞翔"。为了实现梦想，她从来不曾后退一步。大学期间，萨曼塔辗转多个国家读书学习，学会了五门外语，后来又经历了挑战身体极限的长期艰苦训练。但是这一切都是值得的，她的

第 5 章　惊　讶

梦想终于变成了现实。

如果萨曼塔未曾惊讶于星星那不可思议的吸引力和自己探索无尽宇宙的深深欲望,那么她的人生会是什么样子?只有怀有欲望的人,才能义无反顾地奔向未知,因为未知会营造出一种亟待解决的紧张状态,迫使他们不得不采取行动。正如奥维德[1]所言:"能轻易得到的东西不会激起人们的欲望。"因此,你无法在"温室"里找到惊讶。你也不能追逐微小的欲望,因为"渴望"和在生活中寻求"惊喜",本身就意味着要学着扩大你观察世界的视野。这层含义我们在"desire"(英文,欲望)一词的词源中就能找出最直接的证据。这个词由"de"和"sidus"两部分融合而成,直译过来意思是"没有星星"。因此,欲望来自那些寻找星星的人,他们知道抬头仰望,他们的目光"飞"得更远,远到可以越过一切已知和惯常的事物。惊喜并不会无缘无故地出现在你的生活里,你要去渴望,去设想,去追逐。即使你并不知道下一个令你感

---

[1] 普布利乌·奥维德·纳索(Publio Ovidio Nasone)(公元前 43—公元 18),是拉丁文学中最重要的罗马诗人之一。他创作了很多以爱情为主题的诗作。

到惊讶的具体是什么，但是也一定不要错过任何有可能给你的人生注入惊喜和新奇体验的机会。而这也正是本章开头的故事里特雷莎当初所面临的困境。新机遇的出现让她陷入了从未有过的矛盾，一边是对被保护的需要和对暴露于未知的恐惧，一边是对拥有绝无仅有的宝贵经历的渴望，机会宝贵，一旦抓不住就有可能永远地错过。而关于欲望，纪伯伦也曾谈道："欲望是一半生命，而冷漠是一半死亡。"

如何应对惊讶情绪

正如我们在这一章中前面所言,生活中乐于追逐惊讶刺激的人,一定是充满欲望的,因此也绝对不会是一个冷漠的人。有时候你可能会觉得自己做不到,感觉焦虑得要窒息,或者承担了力所不及的重担,但是请你放心,你绝对不会因为自己曾把惊讶——也是奇迹——放进生命的行囊而感到后悔。下面,我们为你提供了一些实用的建议,帮助你更好地处理惊讶情绪所带来的"副作用",同时也可以提高你参与和融入新境遇的能力。

1. 运用理智

有时候,意外可能会让你方寸大乱。你感觉自己无法掌控自己的情绪,无法应对突然朝你涌来的众多刺激。当你第一天去新学校上学,当你骑车在外面玩的时突然遇上了暴风雨,或者当家里来了不速之客,你都有可能会产生这样的感觉。遇到这类情况,你要先试着体察自己的感受，想想为什么自己会有这么激烈的反应。比如，暴风雨可能触发了你的恐惧，你害怕从车上跌落；害怕回家后迎接你的是父亲严厉的训斥，因为他明明告诉过你不要出门；客人的到来可能让你感到愤怒，因为这意味着你会错过看足球世界杯的决赛。不过，这些即便是令人不快的意外，你也可以从中学到很多，比如，你会对自己和他人有更深的了解，有助于提高你应对各类情况的能力，包括最难以预测的突发事件。毕竟，意外带给你的震惊只会持续很短的时间，随后你只需要及时"接通"大脑的线路，就一定能找到合适的策略，更好地应对眼下的情况。

2. 学会区分😊的惊讶和☹的惊讶

就像我们已经说过的那样，"惊讶"是好是坏并能立刻下结论。有时候，一个非常精美的礼物也可能会触发消极的情绪，比如，送礼物的是一个你不信任的人。因此，面对突然出现在你生活中的每一个惊讶，你必须先认真地问问自己，这对你来说是有益的还是有害的，然后再决定应该采取什么样的行动。例

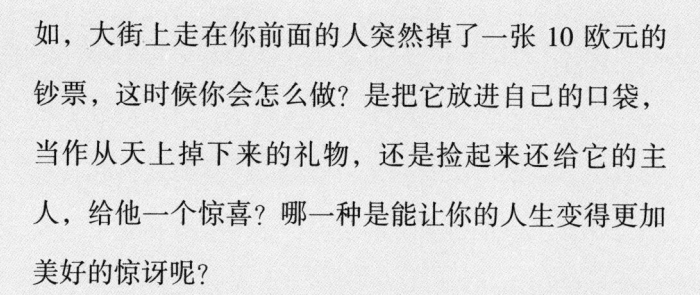

如，大街上走在你前面的人突然掉了一张 10 欧元的钞票，这时候你会怎么做？是把它放进自己的口袋，当作从天上掉下来的礼物，还是捡起来还给它的主人，给他一个惊喜？哪一种是能让你的人生变得更加美好的惊讶呢？

3. 锻炼创造惊喜的能力

如果你是一个善于创造惊喜的人，那么你将给自己和他人带来许多美好的经历。培养自己的发散性思维，试着让自己的思路不走寻常路，你会发现，你的作文将变得让老师更有兴趣，你的贺卡也不会再和包装纸一起被丢进垃圾桶，你的派对会让大家更喜欢，你的朋友们也会因为有你这样的伙伴而深感幸运。更重要的是，你讲的笑话会让更多的人捧腹大笑！

4. 积极参与

你听过跟自己的音乐品位相差很远的歌曲吗？如果答案是"否"，那么请你接下来一定要强迫自己去拓宽视野，面对短途游玩、长途旅行，或者一次简单会面的邀约，只要条件允许，就不要轻易逃避和退缩。你需要抓住每一个可能让你接触新事物的机会，千万不要让懒惰和恐惧主宰你的人生。勇敢地接受新的冒险，但要注意安全。拥抱惊讶，享受新体验，并不意味着鲁莽地追求那些会对自己的健康和安全造成威胁的经历。

5. 拥抱真实的世界

网络和社交平台永远不会退出你的生活，你可以让它们服务于你的工作，增进你和朋友们的感情，帮助你完成你要执行的项目。但是想要成为一名明智的网民，你首先要在现实生活中成为一个能看着对方的眼睛跟对方交流的人。你能做到吗？你跟朋友不用任何电子设备、面对面共处有多少次？如果答案是"没有"或"很少"，我们建议你试着重新规划一下自己的时间，多去接触真实的环境，比如，学校、健身房、演讲厅、你所在的社区等，学会用你的努力、你的创意、你的身体和才能或你的善意去给别人创造更多惊喜。与他人和睦相处的能力只能在现实生活中学习和锻炼，这样在网络世界里你也能如鱼得水。

第 6 章

喜 悦

> 喜悦不过是在心灵上翩然停留的一个片段,
> 喜悦也是人类倾尽一切所能拥有的最伟大的东西。
> ——莱纳·马利亚·里尔克(Rainer Maria Rilke)

小测试

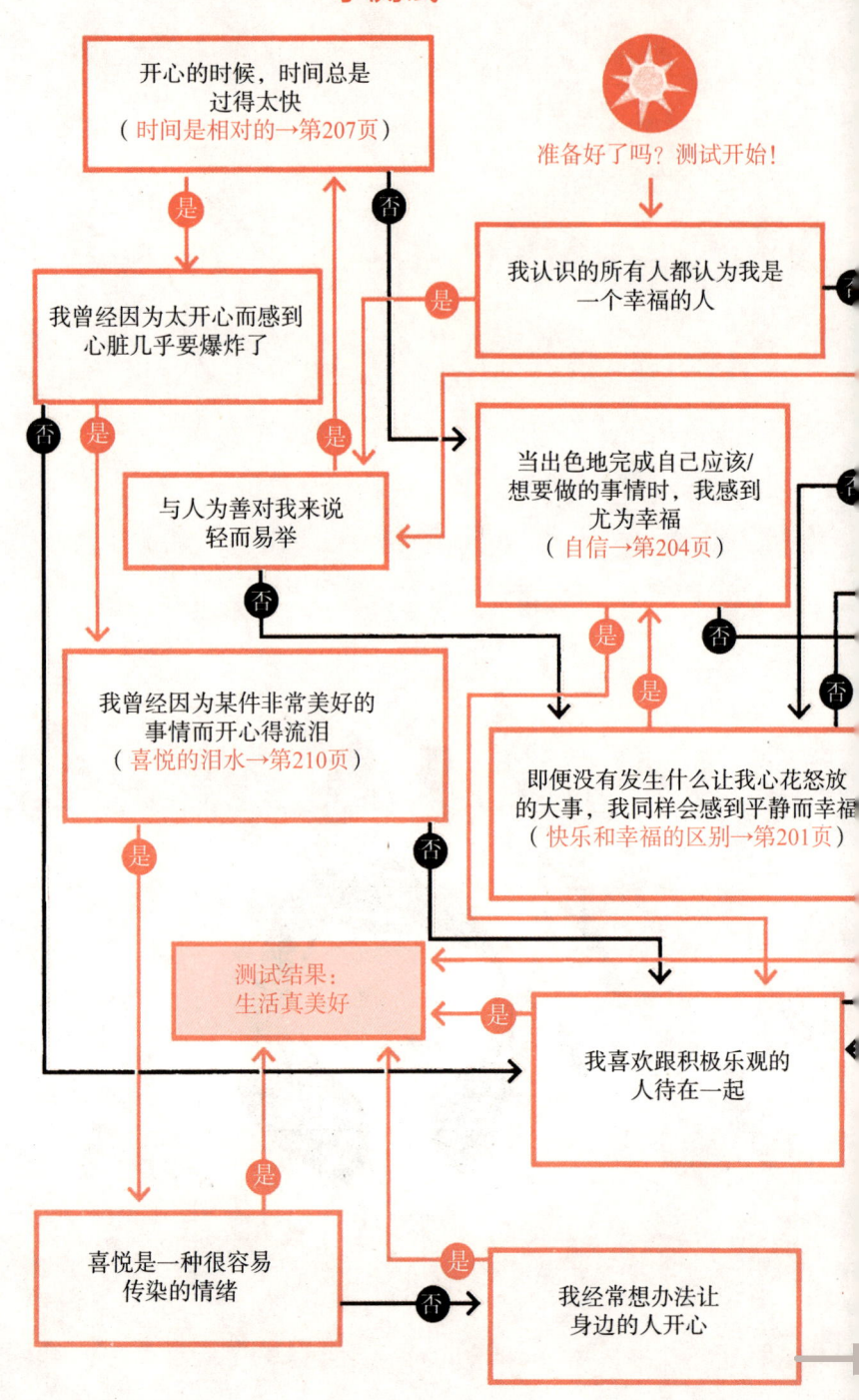

准备好了吗？测试开始！

- 开心的时候，时间总是过得太快
  （时间是相对的→第207页）

- 我认识的所有人都认为我是一个幸福的人

- 我曾经因为太开心而感到心脏几乎要爆炸了

- 当出色地完成自己应该/想要做的事情时，我感到尤为幸福
  （自信→第204页）

- 与人为善对我来说轻而易举

- 我曾经因为某件非常美好的事情而开心得流泪
  （喜悦的泪水→第210页）

- 即便没有发生什么让我心花怒放的大事，我同样会感到平静而幸福
  （快乐和幸福的区别→第201页）

- 测试结果：生活真美好

- 我喜欢跟积极乐观的人待在一起

- 喜悦是一种很容易传染的情绪

- 我经常想办法让身边的人开心

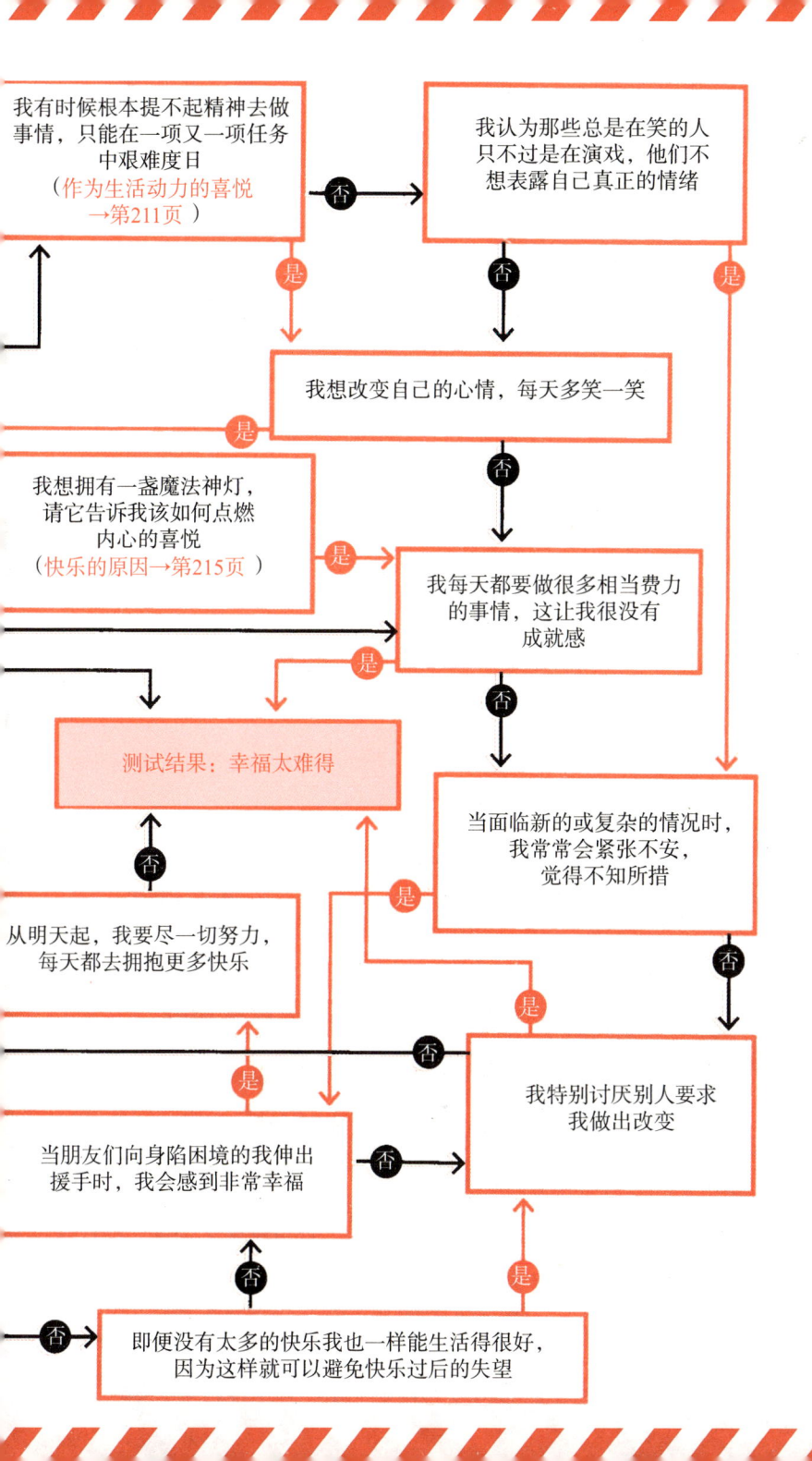

```
┌─────────────────────┐                    ┌─────────────────────┐
│ 我有时候根本提不起   │                    │ 我认为那些总是在笑的人 │
│ 精神去做事情，只能在 │      ─否→          │ 只不过是在演戏，他们不 │
│ 一项又一项任务中艰难 │                    │ 想表露自己真正的情绪   │
│ 度日                │                    │                     │
│ （作为生活动力的喜悦 │                    └─────────────────────┘
│   →第211页）        │                         │是         │否
└─────────────────────┘                         ↓           ↓
         │是                          ┌─────────────────────┐
         ↓                            │ 我想改变自己的心情， │
                                      │ 每天多笑一笑        │
         ┌──是──────────────────────→ └─────────────────────┘
                                              │否
┌─────────────────────┐                        ↓
│ 我想拥有一盏魔法神灯 │              ┌─────────────────────┐
│ ，请它告诉我该如何点 │──是→         │ 我每天都要做很多相当 │
│ 燃内心的喜悦        │              │ 费力的事情，这让我很 │
│ （快乐的原因→第215页）│              │ 没有成就感          │
└─────────────────────┘              └─────────────────────┘
                                              │否
         ┌───────────是────────────────┐      ↓
         ↓                                    
┌─────────────────────┐              ┌─────────────────────┐
│ 测试结果：幸福太难得 │              │ 当面临新的或复杂的情 │
└─────────────────────┘              │ 况时，我常常会紧张不 │
         ↑否                          │ 安，觉得不知所措    │
                                      └─────────────────────┘
┌─────────────────────┐                        │否
│ 从明天起，我要尽一切 │                        ↓
│ 努力，每天都去拥抱更 │──否─┐        ┌─────────────────────┐
│ 多快乐              │     │        │ 我特别讨厌别人要求  │
└─────────────────────┘     │是←──── │ 我做出改变          │
         ↑是                         └─────────────────────┘
                                              │是
┌─────────────────────┐                        
│ 当朋友们向身陷困境的 │──否→                   
│ 我伸出援手时，我会感 │                        
│ 到非常幸福          │                        
└─────────────────────┘                        
         ↑否                                    
┌─────────────────────┐
│ 即便没有太多的快乐我 │
│ 也一样能生活得很好， │
│ 因为这样就可以避免快 │
│ 乐过后的失望        │
└─────────────────────┘
```

测试结果

你的类型：幸福太难得

　　你对快乐从来没有意见，但是也许快乐对你有意见。你也想每天早上吹着口哨醒来，走在街上给遇到的每个人都送上一个灿烂的微笑，然而事实上你几乎从来没这么做过。你总会遇到不顺利或者破坏你心情的事情，而你又偏偏是一个不会伪装的人。那些脸上天天挂着笑容、总是满满正能量的人有时会让你有点焦虑，而那些告诉你没事要多微笑的人则更让你惴惴不安。好心情在你这里总是转瞬即逝，尤其是遇到意外或者感觉被别人误解时。你有宏伟的目标，但是很容易气馁，这显然不利于你收获快乐。有时候你很难发现身边的美好。不过，不要害怕！只要想开始改变，永远都不会太晚！首先，你必须找一个善于为你加油鼓劲的人。仔细看一看你的身边，在你最了解的人中选一个你信任并且爱你的人。和他一起读一读后面的建议，选出至今为止你感觉最难做到的两件事。然后采取一些行动，试着通过自己的努力让事情发生改变。两周以后，跟你选中的人（或你的粉丝）一起总结比对，看你与快乐的关系是否有所改善。

你的类型：生活真美好

你的生活中并非事事顺利，但是你就是那种可以把装了一半水的杯子看作半满的类型。有时候你也会遇到挫折，如拿到了一个低于自己期望值的分数，被朋友背叛，或某些事情进展不顺利，但是这并不足以破坏你的心情，即便发生了，也不会持续太久。快乐和幸福从来不会离开你太长时间。你也不清楚自己为什么大部分时候都这么乐观，或许你根本都没有想过这个问题，但是事实就是，你内心深处总有源源不断的理由，让你坚信无论什么意外都不是世界末日，你自己永远比意外更强大。黑暗的日子也曾有过，但是只要审视自己的内心，你就会发现，无论如何，快乐在你的心中始终占有一席之地。请你一定要把内心的这份宝藏守护好，并且用你的快乐去感染身边的人。科学研究也已经证明，如果两个人紧挨着，那么拥有更强烈情绪的一方，将会把自己的情绪传递给另一方。所以，你也来做个快乐的传播者吧！

小故事

塞翁失马，焉知非福

　　我到现在都很难相信，这么美好的事情竟然会发生在我身上。我美术考试得了三分，但是这并不是我要说的事，我很有自知之明，知道自己跟圆规尺子没什么缘分，但是每个人都有各自的天赋。遗憾的是，我父母是相信只要勤学苦练，一定能成功的那类人，因此，即便面对如此确凿的证据，他们依然不折不挠地相信我有能力在这一科目上取得好成绩。我试着让他们明白，反正接下来还有口语考试，我到时拿个九分，总成绩保证能及格。去年就是这样的，但是他们依然固执地要求我更加努力。最后还是如了他们的愿，当老师让我重新做一份木版画作业时，我答应了，而且赶在截止日期前把作业交了上去。不难预料，我的夜间作品并没有得到多少赞赏。我真的非常讨厌大人们揪着一件事情说起来没完。"你真是的，

第 6 章 喜 悦

瑞奇！你可以向朋友求助的呀！""你怎么不向拿到高分的同学借一幅交上去？""你应该去向教授要一个解释的。""你可以在夜里召唤达·芬奇附体！"我真不明白，当初我因为家里没有付费电视，让他们帮我找个地方看欧冠足球联赛，他们怎么没有这么多创意？

好吧，让我们来面对现实：我的父母对那个三分非常不满，他们很生气，说我要为这个难看的分数付出代价。我本来以为他们会逼我对游戏机禁玩几个月，但是万万没想到，他们对我的惩罚竟然是"今年我们不会出钱给你办生日派对了。以前我们总是心甘情愿地为你操办，但是这一次，如果你想组织点什么活动，你就用自己的钱去办，而且得你自己负责，我们不再操心了"。"可是我没钱！"我立刻叫了起来，脑子里浮现出我那一直空空如也的钱包。"那你就自己想办法赚钱，如果你打算跟朋友一起做点什么的话，否则我们全家人一起吃个蛋糕就算了。"我妈妈回答道。

我真的不知道该怎么接受这个现实。两个月后就是我的生日了，我早就跟朋友们说好了要请他们来参加比萨派对。现在该怎么办呢？我苦苦思考了很多天，最后，我决定试试看给小朋友做家教，帮他们复习功课，我姐姐去年也做过这种兼职。我为自己打了一份广告，并张贴在了图书馆和小区附近的几家商店里。一周后，有两位妈妈联系我，她们的小孩都是初中生，需要有人帮忙辅导作业。一开始非常艰难，我花了不少功夫才让他们不讨厌我，他们一度视我为折磨他们的魔鬼。你们能想象吗，竟然有人需要在我的督促下学习，我，一个隔三差五就因为不想翻开书本而被父母骂的人。真是难以置信！两个孩子都很可怕，一个连续坐超不过十分钟，一个不停地看手机。有一天下午，我用尽了各种手段想让其中一个孩子听我讲话，却一点用也没有，情急之下，一个荒唐的提议从我的嘴里跳了出来："马泰奥，如果你年前所有科目都能及格，只要你父母同意，我们就一起去加达云霄乐园[1]！"他立刻瞪大眼睛看着我，好像看到克里斯蒂亚诺·罗纳尔多出现在他房间里似的。"你是在跟我开玩笑吧？"很好，看来这次我击中了他的要

---

[1] Gardaland，意大利最大的游乐园。——译者注

第 6 章 喜 悦

害。他立刻端正地坐好，自觉地打开了课本，不再玩弄铅笔盒里的笔。我对里卡多也采用了同样的计策，他的反应跟马泰奥一样，也是瞬间目瞪口呆。从此，我们成了一个团队。后来，我的手机经常被轰炸，因为他们只要一取得好成绩，就会立刻争相告诉我。还有的时候，遇到不懂的问题或结果算不对的题目，他们也会向我求助。后来，我决定让这两位"队员"见个面。一天下午，我把两个人一起邀请到我家里来喝下午茶。他们虽然不在同一个班级，但是历史课的课程安排是一样的，所以吃完东西还可以一起学习。时间才过去不到两个月，但是我心里已经很清楚，这次我不得不兑现我的承诺了。

两个孩子在学习的道路上改邪归正，他们的妈妈不停地感谢我。然而，这对我来说也算不上是什么好消息，因为我赚的钱刚好够奖励他们去一趟加达云霄乐园。拿我攒下来的生日派对经费，带两个初中的小毛孩出去玩，这在我的愿望清单上排名并不靠前，却是一定要去做的正确的事。我把这件事告诉了爸爸妈妈，妈妈立刻主动提出可以陪我们一起去，她比我还爱玩蓝色龙卷风过山车。不过，更精彩的还在后面。

我的6个情绪朋友

生日那天晚上，我从健身房回到家，一推开门，发现所有的朋友在院子里齐声高喊："惊喜！"原来，爸爸早就让姐姐为我筹备了16岁生日派对，而姐姐把一切都安排得好极了！我们点了比萨（爸爸妈妈贴心地请了客，而他们则决定出去吃晚饭），还吃了一个插满蜡烛的巨大的蛋糕。最后，姐姐让我和大家一起来到了电视机前，说："快过来，有东西给你看。"没错，就是这东西，让我高兴得心脏差点要爆炸。马泰奥和里卡多瞒着我录了一段视频。我的"学生们"给我唱了生日快乐歌，还说了一些先是让我觉得好笑然后又让我十分感动的话。我感到内心有一种从未有过的感觉正在涌动。他俩让我觉得自己很重要。我有生以来第一次体会到了真正为别人做一件好事所带来的快乐。

喜悦是什么

能量十足的炸弹

回忆一下你最近一次体会到喜悦的情绪是在什么时候。希望不是太久前。如果你是一位体育爱好者，那么浮现在你脑海中的，很有可能是你最爱的球队或运动员在某场比赛中取得特殊战绩的场景，如拿下了某场决赛，或者赢得了一块金牌。你本来屏息凝神，随后，就在那一瞬间，快乐在你心里轰然爆炸。你想呐喊，想跳跃，想欢呼到声嘶力竭，无论你最后有没有真的这么做，你肯定感觉到自己的心脏因为喜悦而疯狂地跳动。"喜悦指的是一种内心充满强烈满足感的状态。"关于喜悦，词典大致会给我们一个这样的解释。怎样才能提高这种美好的情感在生活里的比例呢？通过这一章，我们希望能帮助你找到答案。

首先，我们来理一理几个看上去非常相似的概念，如快乐和幸福。我们问彼得罗（12岁）这两种感受有什么区别,他几乎想都没想,立刻回答道:"快乐就像炸弹一样在你心里爆炸,虽然持续的时间不长,但是非常强烈,让你感到震撼。幸福相比起来更平静,但是更经得起时间的考验。它不像快乐那么强烈,却是你内心能体会得到的一种非常美好的东西,让人感觉很棒。"我们让他举了两个例子。"快乐就是×××(他说了一位球星的名字)在比赛的第91分钟进了球,×××队(他喜欢的球队)因此在欧冠足球联赛中晋级了。我当时像疯了一样。我跳上沙发,脱掉上衣,大声尖叫起来。我欣喜若狂,激动得要命。"而说到幸福,他描述了自己和朋友们在足球场上踢球时的感受。"这是我很喜欢做的一件事,而且我会一直去做,从来都不会感觉到累。每当我们能组织起来一起去踢球,我就感到很幸福。"

对于这两种情感体验的区别,彼得罗所说的跟许多学者所得出的结论完全吻合。喜悦,或者说快乐,是一种非常强烈的情绪,它是发自内心的。而幸福则与外部因素的关系很大,这些因素牵扯到其他人,而且决定着幸福的强度。快乐消失得快,而幸福持续的时间久。快乐是留不住的,它存在于当下,在眼下的

第 6 章 喜 悦

这一刻，而幸福则存在于过去和将来。对比来看，快乐看起来好像不如幸福重要，但是事实并非如此。快乐是人类灵魂的一种属性，它是鲜活的，是热烈的。它娇弱而易碎，像所有珍贵的东西一样，但同时也像烈火一样猛烈。它会突然闯入我们的生活，点燃我们的欲望。虽然快乐的顶峰转瞬即逝，但是极大的喜悦所留下的记忆却会历久弥新。当我们经历了一个非常特殊的时刻，就像开篇的故事中，主人公回到家发现了亲友们为他准备的惊喜派对和感人的视频时所发生的那样，这个时刻肯定会在我们内心永远地打上烙印，当时所体会到的强烈情感也将成为我们记忆中的一个文身，每当我们想要在某种程度上再次体验这种美好时，就会乘着记忆的翅膀回到这里。

　　如果要用两个比喻来形容快乐和幸福的关系，我们会说，前者就像出自杰出烘焙大师之手的果仁巧克力派，而幸福就像帮助我们保持健康的日常饭菜。这两者显然我们都是需要的，我们不可能靠吃巧克力派活着，但是一点甜品都没有的生活让人感觉不够美好。快乐和幸福常常结伴而行，两者都需要我们用心培育。幸福会跟你的经历紧密交织，跟你一起成长，你学着浇灌它。因此，幸福是一种成就。而快乐则是生命的馈赠，从生命的第一天到最后一天，每个人的心中都隐藏着快乐的源泉。它是鲜活的，每天都陪伴在你的左右，陪你去上学，陪你看手机，陪你打排球。它就像一个你内心的动力站，可以让你的生活变得更加美好。

自信的喜悦

喜悦常常跟自信密切相关，当我们感觉自己有能力做好某些事情，我们就会感到喜悦；相反，当我们很想做成某些事，但是无能为力时，我们往往就会感到愤怒。你可以回忆一下当你出色地完成一件事情时所体会到的那种成就感，比如，在某次测验中拿了个高分，解决了某个复杂的问题，或者为别人做了一件好事，对方十分感激。此时你心里仿佛突然亮起了耀眼的闪光灯，这种情绪就是喜悦。

▶ → 在电影《*青春冒险王*》（*Microbe & Gasolina*）（导演米歇尔·贡德里，法国制片，2015年上映）中，两位小主人公用他们的故事告诉我们，友谊如何能成为快乐和幸福的源泉。14岁的丹尼尔身

第6章 喜 悦

材瘦小,因此人们都管他叫"细菌",再加上他说话做事又很轻柔,所以他很容易就成了校园欺凌的受害者,学校里的小霸王们经常以折磨他为乐。有一天,班上新转来了一个叫西奥的男孩,他机灵而强壮,但是浑身散发着一股汽油味,因为他的父亲是一位机械工,他经常在车间里给父亲帮忙。就因为身上的汽油味,大家立刻给他取了个绰号叫"汽油"。

  丹尼尔和西奥很快走到了一起,他们发现两个人相处得非常和谐。"汽油"有很多创意,也会做很多事情,他给"细菌"注入了从未有过的去冒险的勇气。他们用一台旧割草机的发动机做了一辆简陋的房车,夏天到来时,他们决定驾驶着这辆房车穿越法国,开启冒险的公路之旅。一路上,探险的乐趣,与不得不面对的意外、障碍、争吵以及其他各种挑战交织在一起。在"汽油"的支持下,"细菌"鼓起勇气在展览中展示了自己的作品,还勇敢地向他暗恋已久的女孩表白了心迹。是"汽油"让他找回了自信,让他感受到了前所未有的力量,相信自己有能力把事做成。友谊改变了两个男孩的生活,他们不再感到孤独,情绪温度计上的幸福和快乐的数值也直线上升。即使面对分歧和误解，两个人之间的纽带也依然能扫除掩盖着他们真实品性的灰尘。

仔细观察两位主人公的神情，你会发现他们的眼神也发生了明显的变化：一开始的时候，"细菌"总低着头，不敢抬起眼睛看别人；"汽油"则不论看谁，眼神都咄咄逼人。而在故事的最后，这对好朋友看着彼此的眼睛，为他们共同完成的壮举而开心地笑着，他们不再觉得自己是失败者，明白了当初的勇敢是值得的。

如果你的生活里也有一位知心朋友，或者某个能带给你安全感和勇气的人，你一定会特别喜欢我们上面推荐的这部电影，你甚至可能也会想创造一个共同去探险的机会。如果你感觉自己还没有遇到可以与之建立起这种情感纽带的人，那也不用担心，不论什么时候找到知心朋友都不算太晚，你很有可能就在最意想不到的转角处与他相遇！

幸福的时光总是过得飞快

当你感到很幸福，或者当你正在做某件能触发你的喜悦情绪的事情时，你会发现时间好像过得特别快，而你似乎失去了对时间的感知能力。比如，朋友邀请你去他家里玩，你们一起做一件你们都很感兴趣的事情，如玩电子游戏或看最喜欢的电视剧，然而没过多久，你一抬头，发现竟然已经到该走的时候了，你们都感到非常震惊。这怎么可能呢？！明明才刚开始玩啊！没错，你刚才实际上有了一个重大的科学发现：时间是一个相对的概念。

　　研究表明，我们对于时间流逝的判断，取决于我们的主观感受。某些情形会促使我们的大脑产生一些化学物质，影响我们对于时间的感知。尤其是当我们的身体正在体验某种积极的感受时（如受到来自某个我们非常在乎的人的拥抱或关注），或者当我们正在为别人做好事而且为此深感欣慰时（如正在帮一位学习上遇到困难的朋友补习功课，发现付出正显现出不错的成效），我们的神经元会分泌出一些特殊的物质，影响我们对时间的估算。因此，体验积极情绪时，我们会觉得时间过得飞快；而当我们无聊或生病时，则会觉得时间好像根本没有往前走。

喜悦有哪些表现

笑与泪

喜悦是人类与生俱来的六大情绪之一,从生命诞生之初,它就会显现在我们每个人的身上。当你还是个小婴儿的时候,哭是你向世界传达你的需求(在感到冷、饥饿、困倦、潮湿等时)的唯一方式。当有人听见你的呼唤,帮你解决了这些不适(如喂了你吃的或给你换了干爽的尿布),喜悦就开始在你小小的内心萌生。德波拉·斯特派克(Deborah Stipek)[1]认为,儿童从一周岁开始,在成功做到某件事情时就会体验到喜悦,并且可以像成年人一样,通过明确的信号来传达这种情绪。微笑和大笑是喜悦最直接的两种表现形式。不过,嘴巴并不是唯一会笑的器官,我们的眼睛也同样能做到。或许你并不知道,每次你微笑的时

---

[1] 美国加利福尼亚州斯坦福大学教育学与心理学教授。

候，眼睛周围的一块肌肉都会不自觉地被牵动，这块肌肉叫作眼轮匝肌。眼轮匝肌收缩，就会形成从外眼角呈扇形向外散开的"鱼尾纹"。这块肌肉是不受你控制的，只有当你感到开心的时候，它才会自然而然地被激活。喜悦还会让心脏更加活跃，肌肉的张力也会增加，也就是说你的肌肉会短暂地发生变化，呼吸也会变得更加不规律。最后，连你的声音也会变得清晰而响亮，因为在喜悦情绪的影响下，喉部和咽部的肌肉得到放松，发音咬字的动作更加舒展，保证了声音的洪亮和饱满。

杏仁核 大脑中的一个腺体，由于它的形状和大小与杏仁相仿，因此得名杏仁核（amygdala，这个词在古希腊就是"杏仁"的意思）。杏仁核就像一个控制中心，掌管着情绪的加工和管理大权。由感觉系统（负责触觉的皮肤，负责听觉的耳朵，负责嗅觉的鼻子，负责视觉的眼睛，负责味觉的舌头）收集来的刺激最终会汇集到杏仁核，这位"总管"会对它们进行分

> 析和评估，然后在我们的大脑中分别触发不同的反应。为了更好地开展自己的工作，杏仁核会借助记忆这个丰富的资料库，从而更准确地读取所接收到的信息。例如，当看到一条熟悉的围巾或者闻到某种特殊的香味时，杏仁核借助记忆判断是我们所爱的人回来了，喜悦便会立刻涌上我们的心头。杏仁核的反应速度快于我们的理性思维，它一般会指导后者做出反应。由杏仁核所触发的是直觉反应，即比起思考，更多地依赖感觉。在前青春期，我们做出决定和采取行动的能力在很大程度上取决于杏仁核，而不是理性思维。

然而，喜悦并非只能通过笑来表现，有时候，人们还会**因为喜悦而哭泣**，因为喜悦的情绪如此强烈，以至于让人感动得泪流满面，相信你也曾经有过类似的经历。此时，眼泪就是你向身边的人所发出的公告："我现在所体会到的情绪非常强烈，无法抑制，也无处可藏。"除此之外，研究表明，"喜极而泣"还有

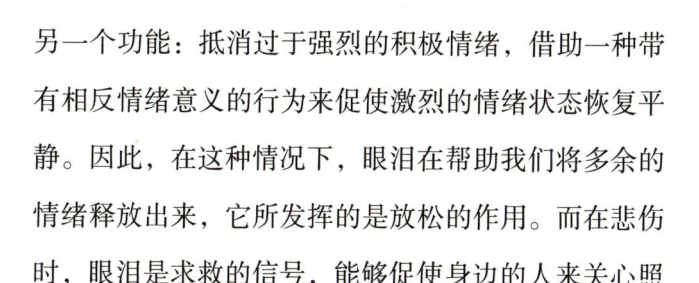

另一个功能：抵消过于强烈的积极情绪，借助一种带有相反情绪意义的行为来促使激烈的情绪状态恢复平静。因此，在这种情况下，眼泪在帮助我们将多余的情绪释放出来，它所发挥的是放松的作用。而在悲伤时，眼泪是求救的信号，能够促使身边的人来关心照顾我们。

生活的动力

喜悦是赋予我们能量的一种情绪。当我们感到快乐的时候，我们会想要去做事情，乐于去行动。它仿佛让我们戴上一副特殊的眼镜，使我们看待周围事物的方式发生改变；它就像一种能量源，能给我们充电，给我们带来勇气。如果你仔细想想，你会发现有些事情明明很困难，但是你做起来感到毫不费力，而这仅仅是因为你喜欢，比如，坚持去参加训练，熬夜看某部电视剧的结局。在爱情中，当一个人感到幸福的时候，也有可能完成一些不可思议的事情。

喜悦情绪对我们的学习和记忆力也能产生积极影响。你一定无数次听老师说，如果你对所学的东西充满热爱，那你一定能学得更好、更省力！也许你觉得

我的 6 个情绪朋友

这不过是陈词滥调，但事实上这种说法确实是有道理的。如果所学的东西能给你带来幸福感，那么你做功课肯定会顺利得多。喜悦可以激发你的创造力，以及以不同的形式向他人展示自己所取得的成绩的欲望。因此，快乐的人更容易敞开心扉，更容易无所畏惧地拥抱有挑战性的事情，比如，学习一种乐器，帮助同学通过一门上次没及格的考试，为某位朋友策划一个派对，参加捐赠活动等。同时，快乐的人一般来说也更加慷慨，比如，他们更愿意把自己带的点心分享给同学，或者为了帮助别人而放弃对自己有特殊价值的东西（就像在本章开头的故事中，瑞奇没有拿做家教赚的钱给自己办生日派对，而是带两个孩子去了游乐园）。

心理学家芭芭拉·弗雷德里克森（Barbara Fredrickson）[1]指出，喜悦这种重要的情绪有两个基本的作用：

- 减少消极情绪带来的影响。假如你失去了一位亲人，或者被自己最好的朋友背叛，这时候通过做一

---

[1] 美国北卡罗来纳大学的心理学教授。

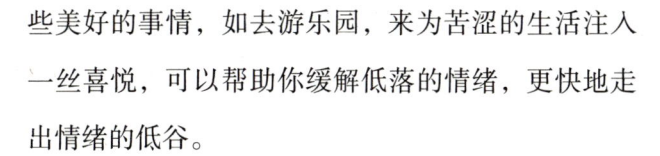

些美好的事情，如去游乐园，来为苦涩的生活注入一丝喜悦，可以帮助你缓解低落的情绪，更快地走出情绪的低谷。

- **拓宽思维的格局。** 当你感到平静而幸福的时候，大脑也会更灵活，更容易迸发出创意。它不用为各种琐碎的想法操劳，从而可以专注于更复杂的目标，比如，完成某项艰巨的任务，阅读一本精彩却不容易读的好书，学习某个新游戏的规则。因此，喜悦是生活的动力，它推动着我们不断提升自己，去观察周围的世界，敞开心扉与人交往，从生活中收获满满的成就感。

幸福与健康

在中医理论中，喜悦是身心健康的表现。心脏是一切的中心，只有能够开出喜悦之花的心，才是健康的。这听起来好像很奇怪，但是笑似乎的确可以增强我们的免疫系统。跟经常愤怒和悲伤的人相比，笑口常开的人生病的概率会更低。也许这看起来像一个巧合，但事实上科研人员经过深入研究后发现，这种现象背后其实是有科学依据的。病毒和细菌是引起人们生病的主要原因，而积极的情绪体验可以促使大脑释放一些特殊的化学物质，从而提高身体抵御这些威胁的能力。比如，当我们感到愉悦时，玩得开心或开怀大笑时，我们的身体中会产生比平时更多的多巴胺等激素。

研究表明，当这类所谓的"幸福激素"增多时，我们的体内会产生更多的抗体，守护我们健康的防御体系就会更加牢固。你听说过长寿村吗？世界上有一些地区的居民寿命相对更长，如日本的大宜味村和意大利撒丁岛的奥利亚斯特拉省。调查研究发现，生活在这些地方的人们有许多有益健康的习惯，比如，爱笑，相互关爱，唱歌，互帮互助。当我们所做的事情能带来舒适感时，我们的身体中会产生更多的幸福激素，促使我们继续重复这些行为。例如，当你喜欢的人给了你一个温暖的拥抱，你会感到一种强烈的愉悦感油然而生，在不知不觉中，你的身体会产生许多对健康有很大帮助的激素，点燃你内心对于尽快重温这种充满爱意的行为的欲望。因此，激素是一种化学催化剂，它能拉近我们与他人的关系，让我们获得更多愉悦的感受，渴望并享受共处。

第6章 喜悦

> **激素** 它是由我们体内的腺体所产生的化学信使,对激素作用敏感的细胞带有特定的受体,激素与这些受体相结合,就可以释放信号,触发细胞做出反应。激素具有非常重要的调节功能,如性发育、血糖水平以及生长速度等,都要受到激素的调节。

快乐的原因

美国的一项研究表明,在让人感到愉悦的所有因素当中,排在最前面的包括自律、对工作(对你来说当然就是学业)的胜任、与他人情感上的亲密感以及自尊。

爱情和坠入爱河的感觉也可以让人心花怒放。当面对喜欢的人和事物时,我们通常都会感到幸福,而惊喜则为我们带来意想不到的美好,因而能让人备感喜悦。一般来说,每种积极向上的行动都会给我们带来动力和愉悦的感受。

不过,有时候,一些并不积极的因素也同样可以让人感到喜悦,比如,对于战场上的士兵来说,打败敌人就是快乐的源泉。举个离你的生活更近的例子，班里一直被欺负的男孩成功制伏了喜欢拿他开玩笑的恶霸，你一定能想象得到他会有多开心吧。久病痊愈，不论生病的是你自己还是你在乎的人，也能给你带来巨大的喜悦。最后，千万不要忘记，体育锻炼也对情绪的调节发挥着重要的作用。进行体育锻炼时，你会感觉自己充满活力，被一种幸福感包围，这是因为你的大脑正在分泌大量的内啡肽——一种能带来愉悦、改善心情的化学物质。

自尊 也叫自我肯定，这个如今使用非常广泛的词，指的是你在各种生活经历中对自己做出的一种综合性的评价。自尊与否，并不取决于某一次具体的评价，无论做出评价的是别人还是你自己，比如，"比赛时你跑得真快！"或者"今天我考得不错"，相反，它取决于大量各种各样的评价在你心里的相互作用。有很多人虽然获得了来自他人的无数称赞，或者每次考试都能取得优异的成绩，但是仍然觉得自己无能，认为自己没有价值。简而言之，自尊取决于你面对日常挑战时的自信程度。你平时很自信，还是经常对自己缺乏信心？做一个自信的人，并不需要成为超级英雄，或者样样精通——何况这也是不可能的，重要的是认识到自己的极限和不足，并且学会妥善地应对。来自所在乎之人的爱，尤其能帮助你提升自尊心和自信心。越是能感觉到有人在用鼓励的眼神和肯定的目光注视着你，你就会越感到自信。

激情 这种浮躁的、压倒性的强烈感受，是由通过五种感官传递到我们内心的某些刺激所引发的。有时候，我们的激情会变得非常强烈，以至于大脑的控制能力被抑制。我们会对外界的某件事物产生激情，它以一种不可抗拒的方式吸引着我们，我们的斗志似乎被点燃，为了得到它，我们会不惜一切代价。能触发激情的除了事物，还有人。例如，当我们爱上一个人时，激情会让我们产生总想跟对方待在一起的强烈欲望。球迷们在强烈激情的驱使下，有时会做出一些极端行

> 为，甚至造成严重的后果。歌手、演员或电影明星的粉丝也常常被激情点燃，为心仪的偶像做任何事情都在所不惜。总而言之，激情会让我们陷入一种非常兴奋的状态，这团兴奋之火熊熊燃烧，似乎永远不会熄灭。有时候，激情甚至会变成"痴迷"，在这种状态下，我们的整个头脑都被某个想法占据，完全不再受我们理性的控制，因此是一种病态的表现。

同一个世界，不同的快乐

为了完成一本以幸福为主题的书[1]，海伦·拉塞尔（Helen Russell）曾踏遍世界各地，她发现不同地方的人们对于幸福的定义各不相同，有些特征甚至完全相反。下面我们就来环游世界，看看各个国家的人们分别是如何理解幸福的。

- 在澳大利亚，人们非常信仰公平，"Fira Go"（公平

---

1 《幸福的世界地图》（*The Atlas of Happiness*），2018 年 1 月 11 日由 Two Roads 出版社出版。——译者注

第6章 喜 悦

对待，众生平等）的观念深入人心。人们相信，在通往幸福生活的道路上，每个人都应该拥有同样多的机会。

- 在加拿大，人们则把"Joie De Vivre"奉为圭臬，意思就是"生活乐趣"。这里幅员辽阔、风景秀丽，人们的生活非常惬意，是全美洲幸福指数最高的国家之一。
- 在中国，"幸福"意味着过上美好的生活，既拥有富足的物质，同时也能履行好自己的职责。因此，幸福更多的是做正确的事情带来丰硕的成果，而不仅仅是一种情绪。

内啡肽 由神经元（构成中枢神经系统的细胞）所产生的一种化学物质，能给人带来幸福和放松的感觉。内啡肽可以与神经元表面上的特定受体相结合，就像钥匙打开锁芯一样，激活这些神经细胞。不过，某些人工合成的和天然的药物或毒品，也可以"模仿"内啡肽来触发这种反应。通常情况下，为了减轻强烈的疲惫感或疼痛感，我们的机体会自发地分泌这种激素，比如，参加

> 剧烈的体育比赛的时候，偏头痛发作或受伤的时候。对于女性来说，分娩是体内内啡肽分泌最多的时刻之一。分娩带来的剧烈疼痛被大剂量的内啡肽所"缓解"，使新手妈妈在自己的宝宝出生后备感欣喜和幸福，并在一定程度上忘记她所经历的巨大痛苦。

- 在德国，"Gemütlichkeit"（舒服，闲适）这个词是人们最向往的状态，即在尽到自己的义务之后，去做一些对自己灵魂有益处的事情。正所谓"职责在先，享乐在后"。
- 在日本，侘寂（Wabi-Sabi，Wabi 意思是"简朴"，Sabi 指的则是变旧变老，即时间流逝之美）的观念指引着人们欣赏和珍惜事物本来的样子。
- 在印度，"Jugaad"（就地取材式的创新）精神说的是印度人用拼凑式艺术，开拓出通往幸福的道路的故事。这是一种利用自己所拥有的资源，设计出即兴或临时的解决方案，从而创造舒适的条件的技能。在这个人口众多、贫困问题还很严重的国度，

第6章 喜 悦

这种灵活而节约的创造力或许是一种必备的技能。
- 在英国，Jolly（愉快）这个词很精准地描述了英国人的性格。英国人不喜欢谈论自己的情绪，即便面对生活中的意外事件或戏剧性事件，他们也会尽量保持克制。对他们来说，保持愉快开朗的情绪非常重要，即便在事情进展不顺利的时候也得如此。

> **sballo（嗨，亢奋）** "sballo"来自动词"sballare"，意思是超出预定的限度。在意大利语中，"sballo"原本指的是处于令人激动的场合时，某个人所表现出来的一反常态的、非常强烈的情绪状态。不过，现在人们更多地用这个词来暗指一个人沉浸在毒品或酒精产生的幻觉中时，所呈现出来的"嗨"状态，因为这类物质能够干扰人的意识，使其行为变得散漫而不受约束。靠毒品等精神药品来"嗨"的人，渴望感受到更浓烈的情绪，体会到更强烈的快乐，即使周围的现实生活没有提供如此强烈的刺激。他们追求的是一种虚假的快乐，一种化学的快乐。

- 在巴西人看来，幸福是"Saudade"，甜中带苦的滋味，其中既有喜悦，又有对过往事物的怀念，过去的快乐，现在回忆起来满是感慨。

- 在希腊语中，"Meraki"指的是对工作的热爱。对于希腊人来说，幸福在于满怀爱与热忱地去做好家庭内外自己应该做的事情。所有的事情都要带着爱去做，因为这是每个人被赋予的能力，是改变世界的唯一方式。

- 在夏威夷，"Aloha"这个词既表示幸福，也表示爱。夏威夷人在每一天的生活中都努力与身边的每一个生灵以及大自然保持友好的关系。对他们来说，幸福意味着带着责任感和对他人的关怀去生活[1]。

最后，你想知道作为本书的作者，我们选了哪句座右铭来描述意大利人眼中的幸福吗？答案就是：Il Dolce Far Niente（无所事事的甜蜜）。不知道你对这种

---

[1] 夏威夷人还有一个典型的问候方式叫作"沙卡"：中间的三个手指向掌心收起，大拇指和小指伸开，一边做出这个手势，一边说"Aloha"。据说这种问候的手势源于一位在意外事故中失去了中间三个手指的老者。他没有沮丧，没有把自己关在家里，而是决定勇敢地走上大街，挥舞着伤残的手热情地问候所有人。这种以积极的态度面对巨大变故的勇敢姿态让所有人为之感动，用两个手指传达问候的手势也因此传遍了整个夏威夷。

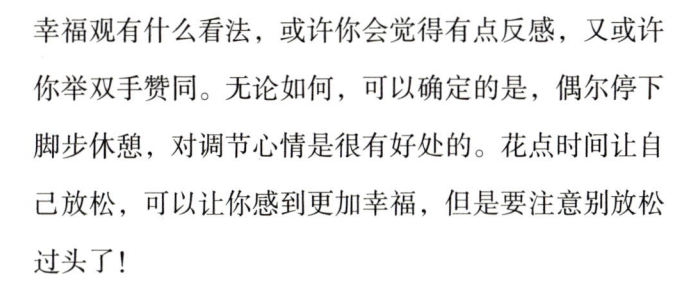

幸福观有什么看法，或许你会觉得有点反感，又或许你举双手赞同。无论如何，可以确定的是，偶尔停下脚步休憩，对调节心情是很有好处的。花点时间让自己放松，可以让你感到更加幸福，但是要注意别放松过头了！

你笑，我也笑

你是否曾经因为被另一个人的笑声感染，自己也忍不住大笑起来？关系十分亲密的两个人中，更善于把情绪表达出来的一方，会将自己的情绪转移给在情绪表达上相对被动的一方。因此，保罗·柯艾略[1]建议我们："选择那些会歌唱，会讲故事，会享受生活，眼睛里闪烁着快乐的光芒的人去靠近吧。因为快乐是会传染的，它总能设法找出解决问题的方法，而逻辑却仅限于为错误提供一个合理的解释。"然而，生活中，只选择跟快乐的人在一起有时候是不现实的。事

---

[1] 保罗·柯艾略（Paulo Coelho）是一位闻名世界的巴西诗人、作家。他最著名的一部代表作是《牧羊少年奇幻之旅》，讲述的是牧羊人圣地亚哥穿越沙漠，踏上冒险之旅的故事。旅途中，跟老炼金术士的相遇，让圣地亚哥对自己有了更深入的了解，同时也学会了以全新的眼光来审视和接近周围的世界。整个故事充满诗意也充满刺激，能引发我们的许多思考。总之，非常推荐！

我的 6 个情绪朋友

实上，朋友之间可以分享的不只是快乐，还有悲伤，分享悲伤可以让彼此之间的关系变得更牢不可破。许多故事之所以动人心弦，就是因为各种情感纠缠在一起，反而形成了一种极其强烈和美妙的东西，电影《奇迹男孩》[1] 就是一个很好的例子。

▶ →《奇迹男孩》的主人公奥吉今年十岁，他从一出生就患有颜面畸形，因此成了一个与众不同的孩子。从出生那一天起，他经受了一次又一次整形手术，但是他的脸看起来依然跟正常人有很大的区别，因此他从来没有跟其他孩子一起去上过学，而是在家里接受教育。奥吉已经到了读初中的年纪，他接受了父母的建议，决定走出家门，尝试进入一所普通的学校读书，小奥吉因此经历了一系列挑战，包括很难应对的艰难处境。他觉得自己跟别人不一样，为自己的

---

[1] 影片根据 R.J. 帕拉西奥小说《奇迹》改编而成，小说于 2013 年出版，在儿童小说领域中取得了国际性的巨大成功。书中所讲述的并不是真人真事，但据作者自己讲述，她创作的灵感来自一个真实的事件。有一次，她带着自己的孩子在公园里玩的时候，旁边走来了一个跟奥吉患有同一种疾病的小女孩，她的面部严重畸形，而此时作者的反应是带着孩子走开，因为她害怕最小的儿子会当着小女孩的面说出一些令人尴尬的话。这件事让作者拉克尔·贾拉米洛大受震撼，不久后，她创作了这部小说，以 R.J. 帕拉西奥（R.J. Palacio）的笔名出版。

第6章 喜 悦

外貌而深感羞耻。在这之前，他已经习惯了一出门就戴上宇航员的头盔，这样路人就不会向他投来震惊的目光。而现在，他不得不面对一群跟他同龄的孩子，他们会瞪大眼睛，惊恐地打量他。奥吉之所以感到难过，是因为他认为自己是唯一一个如此辛苦的人，唯一一个不被人接受、不讨人喜欢的人。就这样，奥吉带着极大的恐惧踏上了这次冒险之旅。一路上，他经历过成功，也遭遇过失望。在这个过程中，他逐渐发现，对许多人来说，让他们欣赏自己本来的样子是一件很艰难的事情。聪明的奥吉相信，整个学校里的人都将对他刮目相看，那将是一种超越他的缺陷和畸形的全新的目光。

　　奥吉的勇气俘获了所有人的心。在学年结束的毕业典礼上，校长说："今天上午的最后一个奖项将授予一位表现突出、以身作则的学生，他用自己无声的努力，默默地激励了很多同学。下面，有请奥吉斯特·普尔曼上台领奖！"听到这个好消息，坐在奥吉身边的人脸上迸发出喜悦，那是他的父母、他最好的朋友和他的姐姐。奥吉看起来似乎无动于衷，他的脸不适合表达情绪。随后，奥吉站起身来，自信地走上了讲台，他全身上下的每一个细胞都在诉说着喜悦:"走向讲台的时候,我感觉整个人都在飘,我的心跳得那么快。我真没想到自己会得到这个奖项,或许我们每个人一生中都应该拥有一次被人起立鼓掌的机会,至少一次。"

如果你已经看了或者你将来有机会看到这部电影,你一定也会心潮澎湃,喜悦和骄傲会涌上你的心头。面对一个美好而且众望所归的结局,你也会像所有起身为奥吉鼓掌喝彩的现场观众一样,忍不住拍手叫好。当珍贵的奖项颁发给了一位勇敢战胜了艰巨挑战的同学,在那一刻,喜悦变得具有超强的感染力,所有人都深受鼓舞。

诗人眼中的喜悦

在文学世界里,喜悦给无数作家和诗人带去了灵感的火花,他们用自己的理解,赋予这种情感各种不同的形式。对于创作了诗歌《喜悦颂歌》(*Canta la gioia*)的加布里埃尔·邓南遮(Gabriele d'Annunzio)[1]来说,快乐意味着最大限度地享受身边的

---

[1] 1863年生于意大利佩斯卡拉,是一位诗人、作家、记者、政治家、军人和爱国者。

第 6 章 喜 悦

一切的欲望。"歌颂这无边的生命之乐，健硕之乐，年轻之乐，尽情啃咬大地的果实，用那坚硬而贪婪的白色牙齿。"如果生活在今天，邓南遮会写道："乘上飞机，去看遍世界各地的风景，亲吻你喜欢的人，做你渴望做的事，比昨天更尽兴地去做吧……"对他来说，喜悦就是追随当下的直觉与激情，拥抱和享受你所热爱的一切。

巴勃罗·聂鲁达（Pablo Neruda）[1]则写下了一首关于幸福的美妙诗歌，赞美的是一个没有任何人能破坏的幸福日子。幸福就像内心的一种状态，是发自内心的一种感受，不需要发生任何特别的事情，它是灵魂的一种姿态。"这一次请让我安享幸福，任何人都没有遇到任何事，我没有去任何地方，我只不过碰巧感到幸福，它蔓延到我内心最深处的角落。"诗人仿佛在说："用心去感受生活里当下的美好吧，为你所拥有的朋友而感到满足，想想他们以及所有爱你的人，让这种稳稳的安全感点燃你的兴奋。用心感受自然之美所带来的喜悦，想想被白雪皑皑的山脉所环绕着的

---

[1] 诗人，出生且生活在智利（除了被迫流亡的日子）。1971 年获得诺贝尔文学奖。

澄澈蓝天。没有什么能夺走这个快乐的宝藏。"

对于贾科莫·莱奥帕尔迪(Giacomo Leopardi)[1]而言，喜悦更多地存在于等待的过程中。等待某个特殊的东西来临，你是最快乐的，而当它真的来到你的生活中时，一部分快乐已然失去。因为在此时，快乐已经被害怕失去的悲伤蚕食了，你怕美好的东西正在消逝，过不了多久就会消失殆尽。莱奥帕尔迪的著名诗歌《村庄里的周六》描述了所有人都为将要到来的节日做准备的场景，等待的喜悦让每一个人都充满了兴奋与活力。像莱奥帕尔迪一样，许多诗人也将等待美好来临的时刻视为快乐的巅峰，因为等待的喜悦无法抑制，期待令人欣喜若狂，这些诗人仿佛在齐声对你说："享受等待钟爱的球队决赛开始时的兴奋吧，享受等待朋友从国外远道而来时的喜悦吧！"诗人因欲望之美和等待之美而欢欣鼓舞，等待的时刻，是尚未被流逝的时间蚕食的完美时刻。"尽情享受吧，我的孩子。美妙的时刻，快乐的季节。其他的我不想多说，

---

[1] 1798年出生于意大利马切拉塔省雷卡纳蒂镇，于那不勒斯去世，当时他只有38岁，距离生日仅有几天。《村庄里的周六》（*Il sabato del villaggio*）是他在1929年创作的作品。

只是，你的节日，让它再迟来一会儿，并没什么。"

也有一些诗人不敢谈论幸福，因为他们觉得幸福太过脆弱，渴望幸福会是一件危险的事。因为试图抓住一个瞬息万变、极容易消逝的东西是不明智的，你很有可能会因此而失望和痛苦。因此，诗人普拉托利尼[1]说，幸福是"水面上的倒影，不仅一缕微风，甚至一个沉重的影子都会让它面目全非"。放在今天，他可能会对你说："你要当心，不要对幸福抱有执念。如果你想用过得幸福来证明自己很好，你很有可能会落得双手空空。没有任何围墙能守卫幸福。所以，不要对幸福有过多的渴望和依赖。"

最后，赫尔曼·黑塞[2]也会给出他的忠告：别再因为你没有最新款的游戏机或你没有变得更漂亮、长得更高而抱怨了。不要总是因为自己无法拥有的东西和无法成为的样子而抱怨，也不要总是盲目渴求自己没有的东西。在那首无比美妙的诗歌《幸福》中，黑

---

[1] 瓦斯科·普拉托利尼（Vasco Pratolini）1913年出生于意大利佛罗伦萨，年仅5岁时就被母亲遗弃，成为孤儿。1991年逝于罗马。

[2] 赫尔曼·黑塞（Hermann Hesse）1877年出生于德国的一个小镇，1962年在瑞士的一个小村庄去世。他于1946年获得诺贝尔文学奖。他创作的许多小说都在世界范围内取得了巨大成功。

塞写道："在你痛悼失去的一切，向着目标不安地忙碌的期间，你还不知道什么是安宁。"只有当你沉静下来，满足于自己既有的一切，幸福才会悄悄降临。

那么你呢？哪种幸福的观念更贴近你的想法？

如何应对喜悦情绪

在童话世界里,只需要挥一挥魔法棒,就能把坏的事情都变成好的,让幸福永远环绕在身边,可惜现实生活中这是不可能的。谁都会遇到难以处理或悲伤难过的事情,有时候你没有办法清除掉这些通往幸福的客观障碍,但是你可以在自己身上下功夫,提高自己调节情绪的能力,让自己保持良好的状态去迎接困难。

1. 从小事中获得快乐

同学送给你一块牛角面包,隆冬温暖的阳光洒落在身上,爸爸让你听了一首他那个年代的歌曲,你发现生活好像也没那么糟糕。老师没有讲课而是讲起了他年轻时的往事,你的小狗围着你又跑又跳,兴奋得停不下来……每一天,你身边都在发生着这类美好的小事,你可以试着发现这些美好,用心感受它们给你的生活带来的快乐。如果你没有办法自然而然地留意到快乐的碎片，那就每天晚上练习写下当天所发生的三件美好的事情。你要想这是写给你自己看的，不需要发布在任何社交网站上，而是保存在你自己的快乐档案中。你会发现，训练很快就会见效，不知不觉中，你已经可以看到身边的美好了。

2. 尽快原谅，杜绝报复

这或许是你在生活中最难学会的一条法则，却也最能帮助你收获平静和幸福的快乐。面对某件让你觉得不公平或伤害到你的事情，你可能会感到愤怒之火在内心熊熊燃烧，这时，你可以像狗狗洗完澡那样，用力抖落掉这些负面情绪，然后迅速地翻篇。不要误会我们的意思，我们并不是让你默默地承受冤屈，不能发声。我们指的是那些鸡毛蒜皮的小事，比如，你的哥哥或姐姐总是在不恰当的时候说一些不合适的话，父母抱怨你有一件事情没做好，一位朋友好端端地对你说了一句莫名其妙的话，一件东西你突然找不到了或者坏掉了。有些重要的问题当然是值得放下手里所有的事情追究到底的，但是生活中的矛盾其实更多的是琐碎的小事，此时最好的做法就是尽快翻篇，不要让自己的生活被没有意义的抱怨和烦恼搅得一团糟。如果你的兄弟姐妹让你十分恼火，试着深呼吸，然后问一问自己："让愤怒毁掉自己的一天，真的有什么好处吗？"如果答案是否定的，那就请你保持积极的态度，你会发现，第一个从中获益的将是你自己。

3. 相信自己

你觉得自己是一个善于从逆境中挣脱的人吗？你觉得大家对你的看法如何？你感觉别人跟你在一起开心吗？你认为自己有很大价值吗？如果对于这些问题你的答案都是积极肯定的，那么你在日常生活中大概率也是一个容易觉得幸福的人；如果你的答案反映出了较多的不自信，欢迎你加入我们——一群每天都在努力变得更幸福的人。

自信心是我们需要获得的最宝贵的财富之一，但是苛求完美只会与这个愿望背道而驰。爱自己本来的样子，这才是我们应该追求的目标。两个实用的小建议，可以帮助你立刻开启对自己的训练：第一，重点关注那些最让你感到不安或焦虑的关键情形（比如，在我们家，阿尔贝托最怕突发不可预见的事件，而对芭芭拉来说，只要有人生她的气，她就会感到非常焦虑）；第二，找一个或多个盟友，帮助你学着克服自己的弱点，这位盟友可以是你的朋友，也可以是父母或老师。仔细观察一下你的周围，想想谁最善于倾听你的不安，给你安慰和建议。

4. 培养爱好

老一辈的人经常说："技多不压身。"这些话中的智慧永远值得我们重视。如果你还没有这么做，那就试着寻找一个适合自己的项目，然后投入你的热情与才能，比如，练习一项运动，弹奏一种乐器，表演，唱歌，画画，拍摄剪辑视频，搭建网站，学一门外语，做志愿者或参加童子军……可以选择的事情不计其数。坚持一项爱好，不断练习和提高技艺，取得一些成绩，可以源源不断地给你以及爱你的人带来快乐和成就感。

5. 选择做一个幸福的人

这或许可以算是最重要的一条建议：幸福是你随时都可以去选择的。快乐常常在你意想不到的时候闯入你的生活，一个惊喜，一场胜利，一个被攻克的困难。生活时不时会赠予你一个快乐的小高峰，我们祝愿你可以拥有无数快乐的理由。不过，快乐只能祝愿，幸福却可以选择。不管发生好的还是不好的事情，每天你都可以选择做一个幸福而积极向上的人。如果你走进学校时，怀揣着对每个人微笑的意愿，试着看到所有人美好的一面，睁大好奇的眼睛去发现新奇的事物，那么现实生活也会被你的正能量所感染，一切都会变得更加顺利。黑暗和忧伤的日子也一定会有，但是只要你坚持守护幸福的愿望，快乐终将闯入你的生活，如同一缕突然穿透云层的阳光。

爆米花与情绪

有关情绪的推荐电影清单

电影是一种强大的娱乐工具,但是娱乐的同时,它也能引发你思考,让你有机会收集到大量信息,了解那些离你的生活或近或远的世界。我们不知道你是如何看待电影的,你是个在动作片、爱情片、恐怖片和喜剧片之间自由切换的探险家,还是个某一类型的电影的忠实粉丝。在这份推荐电影清单中,我们没有设置任何限制。这里面既有轻松的,当然也有复杂的,需要集中精力和认真思考,才能揭开面纱,找到蕴含在其中的宝藏。关于如何组织家庭的"电影之夜",我们也给你提供了一些建议。你可以邀请家人、朋友,也可以自己独享观影的快乐,毕竟真正的主角其实是我们在这本书中讲到的六种情绪。我们针对每种情绪推荐了五六部影片,其中几部是在前面的章节中提到过的,其他的几部则是新推荐的。

爆米花与情绪

每部影片我们都为你提供了它的片名、导演、类型、制片国家和时长，同时还有一个非常简短（但还不算无聊）的情节介绍，以及我们认为值得观看的原因。此外，你还会看到每部影片旁边都有一个小图标，标明了建议观看该影片的年龄。事实上，对于很多标有"13岁以上"的电影，如果你是一位训练有素的观众，早一点观看也是没有问题的。训练有素指的是什么呢？意思就是，如果你热爱电影，喜欢跟包括成年人在内的其他人讨论你看过的电影，如果有你不理解的内容你会提问，如果有让你感到不舒服的内容你会倾诉，同时也能分辨并表达自己所体会到的情绪，那么即便你只有11岁或12岁，也同样可以观看带有"13岁以上"标志的电影，因为它们不会对你造成特殊的负面影响。你可以跟你的父母或其他你信任的成年人聊一聊，讨论一下你的问题，相信他们一定会为你提供很好的建议。

→ 适合所有人看的电影

→ 适合13岁以上的观众看的电影

鉴于我们无法跟你一起坐在沙发上观影，当面倾听你的想法，也无法直接接收你对我们推荐的影片的批评，因此，我们想告诉你，如果你有任何意见，随时可以写邮件告诉我们：

alberto.pellai@unimi.it

barbaratamborini00@gmail.com

最后，祝你观影愉快！

悲伤

《超能陆战队》（英文原名 *Big Hero 6*，导演唐·霍尔、克里斯·威廉斯，动作喜剧动画类影片，美国制片，2014年上映，时长102分钟）

这部影片里的超级英雄没有肌肉也没有文身，而是一个笨拙的白色充气玩偶——大白。大白实际上是一个用来治愈人们痛苦的机器人，它的发明者不幸在一场大火中丧生之后，发明者的弟弟小宏意外地成了这个大玩偶的朋友。

推荐给容易觉得厌烦并且常常感到不被理解和孤独的你。

《魔弦传说》（英文原名 *Kubo and the Two Strings*，导演崔维斯·奈特，动画类影片，美国制片，

2016 年上映，时长 101 分钟）

男孩久保（Kubo）白天靠给别人讲故事赚钱谋生，他为了对抗自己的悲伤，创作出了非常惊人的精彩故事。但是一到晚上，久保就要迅速逃回家，否则他的外公就会挖掉他仅剩的一只眼睛。久保在生活中遭遇了太多的苦难，一个偶然的机会，他被迫站起来，踏上了直面挑战的旅程。

推荐给 无论如何都无法大声说出让自己感到悲伤的原因的你。

🔺《我和厄尔以及将死的女孩》（英文原名 Me and Earl and the Dying Girl，导演艾方索·戈梅兹·雷琼，剧情片，美国制片，2015 年上映，时长 104 分钟）

选择了一位非常可爱但是患有严重疾病的女孩作为自己的朋友是一件多么不幸的事情，尤其是当你意识到她正在成为你生命中最重要的人时，这种不幸就变得更加令人心痛。如果换作你，你会怎么做呢？是在心里筑起高高的围墙，防止情绪在那里兴风作浪，还是不顾一切风险，一头扎进生活的海洋？

我的 6 个情绪朋友

推荐给想要在朋友和一大罐巧克力冰激凌的陪伴下心碎流泪的你。

🙍 《铁拳男人》（英文原名 Cinderella Man，导演朗·霍华德，剧情片，美国制片，2005 年上映，时长 139 分钟）

影片根据美国拳击手詹姆斯·布拉多克（J.J. Braddock）的真实故事改编。作为三个孩子的父亲，主人公为了生计被迫打零工来赚钱养家，因为拳击赛场上被打倒的并不总是别人。影片讲述的是重新开始的勇气，是相信梦想不只是想想而已的信念。

推荐给需要一些动力来激励自己不要放弃，鼓励自己经历过失望或挫折之后勇敢地重新起航的你。

🙍 《少年斯派维的奇异旅行》（英文原名 The Young and Prodigious T.S. Spivet，导演让·皮埃尔·热内，冒险片，法国制片，2013 年上映，时长 105 分钟）

T.S. 斯派维在跟双胞胎弟弟一起玩一把枪的时候，不可挽回的意外发生了：枪走火了，弟弟当场丧命。但是 T.S. 斯派维是一位才华横溢的发明家，经过一次心灵疗愈之旅，他发明出一种能越过死亡阴影的方法。

> **推荐给**认为在应对悲伤方面，孩子能教会大人很多的你。多么振聋发聩的观点！

《我的名字叫可汗》（英文原名 *My Name Is Khan*，剧情片，印度制片，2010 年上映，时长 162 分钟）

可汗患有阿斯伯格综合征，因此他在理解别人的反应方面非常吃力，但是幸运的是他有一位爱他的母亲。在母亲的帮助下，可汗逐渐变得自信。长大成人后，他尽管还是有点怪癖，但是过上了跟正常人几乎一样的生活。直到"9·11"悲剧发生，往日的平静被打破了。生活在美国的可汗，因为自己的穆斯林姓氏而遭遇了众人的仇视和各种不公正的待遇。

> **推荐给**有时因为觉得自己不够漂亮、不够聪明或不够有运动天赋而对生活充满怨言的你。

我的 6 个情绪朋友

恐惧

《哈利·波特与阿兹卡班的囚徒》（英文原名 *Harry Potter and the Prisoner of Azkaban*，导演阿方索·卡隆，奇幻片，英国—美国联合制片，2004 年上映，时长 142 分钟）

在这部影片中，哈利·波特已经长大了，此时让他感到害怕的不再是来自外部的威胁，而是内心的恐惧和不安全感。除了哈利，魔法班的同学们也都受到这个问题的困扰。这一天，他们被迫拔出魔杖，开始利用自己精神的力量来对抗继摄魂怪之后的又一大心魔。

推荐给梦想着用魔法来驱散恐惧的你。

《伊克巴勒：这里的子民没有恐惧》（意大利文原名 *Iqbal - Bambini senza paura*，导演米克尔·福泽利尔、巴巴克·帕亚米，动画片，意大利—法国联合制片，2015 年上映，时长 85 分钟）

这部动画片是根据伊克巴勒·马西的真实故事改编的。伊克巴勒心灵手巧，能编制非常精美的地毯，因此他被囚禁在工厂里，每天超负荷工作，让雇主赚得盆满钵满。然而，勇敢的伊克巴勒最后挺身而出，竭尽所能对抗童工制度，并因此而闻名世界。

推荐给当同学被别人欺负时会转身假装没看见的你和每次都想伸张正义的你。

《鬼妈妈》（英文原名 Coraline & the Secret Door，导演亨利·谢利克，美国制片，2009 年上映，时长 100 分钟）

这是一部适合在其他人的陪同下一起观看的片子，因为有些片段还是相当恐怖的。聪明的小女孩卡洛琳（Coraline）发现家里的大人整天都忙于工作，没有精力来关注她。于是，在好奇心的驱使下，卡洛琳推开了家里的一扇被墙纸封了起来的怪门，想看看里面是否比她所生活的世界更精彩，然而，她由此开启的另一个现实却令人毛骨悚然……

推荐给想要直面恐惧，试图测试自己的恐惧承受力的你。

《云中行走》（英文原名 The Walk，导演罗伯

特·泽米吉斯，剧情片，美国制片，2015年上映，时长123分钟）

影片的主人公菲利普·珀蒂（Philip Petit）决定在没有保护措施的情况下完成在美国纽约的双子座（当时双子座尚未被2001年发生的悲剧事件摧毁）之间走钢索的挑战。恐惧会阻止任何明智的人做出这样的举动，但珀蒂不一样，他早已将在钢索上平衡视为自己的使命，视为自己存在的理由。

推荐给对任何结果不确定的事情都感到恐惧的你。

《我，花样女王》（英文原名 I, Tonya，导演克雷格·吉勒斯佩，传记影片，美国制片，2017年上映，时长121分钟）

坦雅（Tonya）是一位非常出色的花样滑冰运动员，她从小就显示出了在这方面的惊人天赋。然而，坦雅的妈妈却只是把女儿当成赚钱的工具，因此，她用尽所有办法压制女儿内心的恐惧，逼迫她不断地突破极限，也包括公平和是非的底线。

推荐给想知道恐惧是福还是祸的你。

厌恶

《圆梦巨人》（英文原名 *The BFG*，导演史蒂文·斯皮尔伯格，冒险片，美国—英国—加拿大联合制片，2016年上映，时长117分钟）

小女孩苏菲（Sophie）是一个孤儿，她生活在孤儿院里，从未指望从任何人那里获得关爱，直到有一天，一只巨大的手抓住了她，把她带到了巨人国。那里住着的全都是会吃小孩的巨人妖怪，除了好心眼的圆梦巨人……

推荐给有时只是想被人紧紧地抱在怀里的你。

《美食总动员》（英文原名 *Ratatouille*，导演布拉德·伯德、简·皮克瓦，动画片，美国制片，2007年上映，时长107分钟）

小老鼠小米天生具有极其敏锐的味觉。它的家人们希望它把全部精力都用来翻垃圾，从而找出哪些食物是可以吃的，哪些对鼠族是有毒的，但是小米却梦

我的 6 个情绪朋友

想着成为一位了不起的大厨……

推荐给只管闭着眼睛吃，对放进嘴里的食物缺乏思考的你。

《怪物史莱克》（英文原名 *Shrek*，导演安德鲁·亚当森、维基·詹森，动画片，美国制片，2001年上映，时长 90 分钟）

史莱克是一个粗暴、肮脏、粗鲁、无耻的怪物……但谁会拒绝有这样一位好朋友或男朋友呢？

推荐给有时候会以貌取人的你。

《隐藏人物》（英文原名 *Hidden Figures*，导演西奥多·梅尔菲，剧情片，美国制片，2016年上映，时长 127 分钟）

出色的科学家凯瑟琳、桃乐丝和玛丽凭借自己的聪明才智成为 NASA（美国国家航空航天局）不可缺少的顶梁柱。她们只有一个"可怕的缺点"——黑色的皮肤。在 20 世纪 60 年代的美国，法律不允许黑人和白人肩并肩工作。因此，对这三位杰出的女性来说，登月并不是最大的挑战……

爆米花与情绪

> 推荐给认为通过肤色来评价一个人的做法是无比荒谬的你。

👤 《有你我不怕》（意大利文原名 *Io non ho paura*，导演加布里埃·萨尔瓦多，剧情片，意大利制片，2003年上映，时长108分钟）

影片的主人公米歇尔（Michele）在田野里闲逛时，意外发现了被掩埋在土里的一扇门。他打开门，发现地洞里囚禁着一个跟他年龄相仿的男孩，那个男孩浑身脏兮兮的，眼神充满敌意。米歇尔一开始吓得落荒而逃，但是后来，他鼓起勇气再次向地洞靠近，并跟这个又脏又臭的男孩成了朋友。

> 推荐给从不怕弄脏自己的手和玷污自己名声的你。

愤怒

👥 《越位》（英文原名 *Offside*，导演贾法·帕纳西，剧情片，伊朗制片，2006年上映，时长93分钟）

一位想去现场看足球比赛的女孩会有坐牢的风

险吗？答案是"有"，如果你生活在伊朗的话。因为体育馆这种地方对女性来说不够干净，所以那里的法律规定女性一律不能进入体育馆。这是一条很多女孩都不能接受的禁令。足球世界杯预选赛当天，几位女孩伪装成男性，试图混进体育馆观看自己国家的球队踢球。

推荐给试图为点燃自己内心怒火的东西命名的你。

《圣诞颂歌》(英文原名 *A Christmas Carol*，导演罗伯特·泽米吉斯，奇幻片，美国制片，2009年上映，时长92分钟)

斯克鲁奇（Scrooge）又老又坏，岁月的流逝非但没有让他更懂得珍惜生命，反而让他变得更加残忍和麻木不仁。然而，有一天，一个小精灵把他带回了过去，斯克鲁奇回到了他小时候就读的学校，看到了自己以前是怎样度过圣诞假期的……

推荐给为了远离悲伤而发怒的你。

爆米花与情绪

《绿毛怪格林奇》（英文原名 How the Grinch Stole Christmas，导演皮特·坎德兰、亚罗·钱尼、马修·奥卡拉汉、雷蒙德·撒哈拉·珀西、斯科特·莫西尔，动画片，美国制片，2018 年上映，时长 90 分钟）

每逢圣诞节，人们的脸上总洋溢着笑容，热情地张罗着聚会和团聚，但是格林奇讨厌圣诞节，所以他不惜一切代价要从人们脸上抹去那愚蠢的笑容。于是，他决定偷走圣诞节，然而，他并没有顺利得逞……

推荐给经常生气却不知道为什么的你。

《愤怒的小鸟》（英文原名 Angry Birds，导演克雷·凯帝斯、佛葛尔·雷利，动画片，美国—芬兰联合制片，2016 年上映，时长 97 分钟）

长着一对浓密眉毛的红鸟锐德（Red）因为脾气暴躁而被大家嫌弃，但是当一群吃鸟蛋的绿色小猪入侵时，锐德表现出了自己的另一面，学会了用另一种方式来"使用"自己的怒火。

我的 6 个情绪朋友

> **推荐给**一听到别人对你说"不要生气"就会立刻爆炸的你。

《叽哩咕与女巫》（法文原名 *Kirikou et la Sorcière*，导演米歇尔·奥塞洛特，法国—比利时—卢森堡联合制片，1998 年上映，时长 74 分钟）

有着惊人天赋的叽哩咕（Kirikù）决定踏上探险之旅，把自己心爱的村庄从邪恶的女巫手里解救出来。

> **推荐给**盼望着有人能帮你拔掉心上的刺的你。

《黑色闪电》（英文原名 *Race*，导演斯蒂芬·霍普金斯，德国—加拿大—法国联合制片，2016 年上映，时长 134 分钟）

影片讲述的是美国黑人运动员杰西·欧文斯（Jesse Owens）的故事。1936 年，希特勒执政期间，欧文斯获得了柏林奥运会的参赛资格。他卓越的才能，足以消除人们对黑人的偏见吗？

> **推荐给**无法忍受不公并且希望有勇气说出来的你。

惊讶

《疯狂原始人》（英文原名 The Croods，导演柯克·德米科、克里斯·桑德斯，动画片，美国制片，2013 年上映，时长 101 分钟）

为了过上更好的生活，小伊历经千辛万苦总算说服她的家人走出洞穴，开始寻找新的家园。而这一切都要感谢那位曾对她抛了个媚眼的"驭火少年"。

推荐给每次都因为乱跑和好动而被责骂的你。

《霍顿与无名氏》（英文原名 Horton Hears a Who!，导演吉米·海沃德、史蒂夫·马蒂诺，动画片，美国制片，2008 年上映，时长 84 分钟）

一头名叫霍顿的大象在丛林里的水池冲澡时，"扑通"一声搞得水花四溅，然而就在这一片混乱之中，大象却听到一个细小的声音从一粒飞扬的尘土中传来。这个声音正是为霍顿而来的。当发现灰尘里居然隐藏着一整座城市的时候，霍顿甭提有多惊讶了。

推荐给只相信眼见为实的你。

我的 6 个情绪朋友

🔴 《跳出我天地》（英文原名 Billy Elliot，导演史提芬·多尔，喜剧片，英国—法国联合制片，2000年上映，时长 110 分钟）

比利的父亲是一位矿工，母亲很早就去世了，家里生活非常拮据。父亲给比利报名学习拳击，但是比利却对芭蕾舞着迷。他的梦想能被父亲理解和接纳吗？

推荐给心中怀有梦想却没有勇气说出口的你。

🔴 《贝利叶一家》（法文原名 La Famiglia Bélier，导演艾里克·拉缇戈，喜剧片，法国制片，2014 年上映，时长 105 分钟）

宝拉天生有一个好嗓子，她唱歌非常好听，但是家里却从来没有人意识到这一点，因为她的家人都是听障者。宝拉是家人与世界之间的纽带，他们做任何事都离不开宝拉，因此，当一个去巴黎读书的机会摆在她面前时……

推荐给可能会为了不让别人失望而放弃自己的梦想的你。

🔖 《飞鸟小姐》（英文原名 *Lady Bird*，导演格蕾塔·葛韦格，喜剧片，美国制片，2017 年上映，时长 94 分钟）

长大并不是件容易的事情。叛逆的你会不自觉地去抗议大人们所说的话，但是总有一天，你会也被推到舞台中央说点什么，你所说的话也会成为其他人攻击或尊重的对象。对自己的生活感到厌倦和不满的飞鸟小姐，希望能给每天的日子注入新的活力，于是踏上了寻找惊喜的旅程。她不断地尝试，不断地犯错，努力寻找着属于自己的路。屏幕前的你也禁不住被她一路上的成长蜕变所吸引。

> **推荐给**想看一部不到最后一分钟永远猜不到结尾的电影的你。不过，你一定要想好跟谁一起看，因为这是一部有很多人喜欢，但并不适合所有人看的电影。

🔖 《信任》（英文原名 *Trust*，导演大卫·施维默，剧情片，美国制片，2010 年上映，时长 106 分钟）

14 岁的安妮希望能成为某个人眼中特别的那个"她"，她会毫无防备地信任所有向她表示关心的人。

有一天，安妮遇到了查理，一位不容错过的灵魂伴侣。他 15 岁，不，是 18 岁，或 25 岁，或 35 岁……安妮并不知道答案，因为他们只是通过网络联系的，至于查理到底是什么人，安妮只有在真正见到他的那一刻才会知道。

> **推荐给**毫无防备，在网络上碰见谁就跟谁聊天的你。

喜悦

《去上学的路上》（法文原名 *Sur le chemin de l'école*，导演帕斯卡·普利森，纪录片，法国—中国—南非—巴西—哥伦比亚联合制片，2013 年上映，时长 77 分钟）

把上学和兴奋、喜悦联系在一起可能听起来有点奇怪。你能想象为了去上学，需要冒着被野兽攻击的危险，步行五小时穿越沙漠吗？然而，有的时候，无论多么奇怪的事情都有可能是真实的。

> **推荐给**把每天早上起来去上学视为噩梦的你。

爆米花与情绪

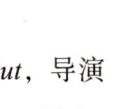

👥 《头脑特工队》（英文原名 Inside Out，导演皮特·多克特、罗尼·德尔卡门，动作片，美国制片，2015 年上映，时长 94 分钟）

这部影片讲述的是 11 岁的女孩莱莉被迫放弃她所热爱的生活，跟随家人搬到了另一座城市。这部影片讲述的是在这个过程中莱莉所经历的一切。在前青春期的一片混乱中，愤怒、恐惧、喜悦、悲伤和厌恶各显神通、轮番上阵。

推荐给前一秒还在哭后一秒就破涕为笑，情绪每天都像坐过山车的你。

👥 《魔发精灵》（英文原名 Trolls，导演麦克·米契尔、华特·道恩，动画片，美国制片，2016 年上映，时长 92 分钟）

魔发精灵是一群欢快的生物，它们整天唱歌、跳舞、互相拥抱。对它们来说，快乐绝对跟危险和麻烦没有任何关系。然而，有一天，事情突然发生了变化，但是幸福的家园一定还会在某个坚不可摧的地方被重新建造起来。不过，会是哪个地方呢？

> **推荐给**想要为幸福起舞并且想把它紧紧地握在手里的你。

《奇迹男孩》(英文原名 Wonder，导演史蒂芬·切波斯基，剧情片，美国制片，2017年上映，时长113分钟)

奥吉很丑，但是并不是鼻子上长了个痘痘的那种丑。他一出生就患有一种特殊的疾病，这种病让他的五官变形，他因此也成了一个与众不同的孩子。然而，他的大脑却完全没有问题。小奥吉最后能说服大家相信外表并不重要吗？

> **推荐给**时常感到不自信，宁愿把脸藏在头盔里，也不愿意直视那些自信满满的同学的你。

《青春冒险王》(法文原名 Microbe & Gasoil，导演米歇尔·贡德里，法国制片，2015年上映，时长105分钟)

一直被人嘲笑的娇小男孩"细菌"所在的班级，迎来了一位身上散发着汽油味的新同学。大家立刻给他起了一个外号叫"汽油"，并且不约而同地跟他保持距离。"细菌"立刻看到了"汽油"的闪光之处，成为朋友的两个人一同踏上了一段不可思议的探险之旅。

> **推荐给**知道拥有一位真正的朋友意味着什么的你，更推荐给还不知道的你。

🔴 《触不可及》（法文原名 *Intouchables*，导演奥利维·那卡什、艾力克·托勒达诺，法国制片，2011年上映，时长 112 分钟）

这部影片是根据富翁菲利普的真实故事改编的。他颈部以下身体瘫痪，只能坐在轮椅上。他一度相信自己的生活已经走到终点，但是他的新看护德里斯出现了，从此，一切都变了……

> **推荐给**经常因为自己无法拥有某件东西或无法变成某种样子而满腹怨言的你。

结　语

现在，你对情绪世界的探索之旅已经告一段落，是时候停下脚步来思考以及休息一下了。旅程的收获也许不是立竿见影的，但是慢慢地你就会发现，在面对悲伤、恐惧、厌恶、愤怒、惊讶和喜悦时，你变得更加自信了，也更加从容了。这是你送给自己的一份无比珍贵的礼物，因为它真的会让你的生活变得更加美好。无论何时，每当你感到迷茫时，手里的这本书就是你的指南针，指引你在情绪的疆域里更理性地前进。我们的六种基本情绪，就像世界地图上的各个大洲，每个大洲都有自己独特的地貌特征、气候和典型的植被。而且，同一块大陆，往往同时拥有不同的气候和迥异的植被，景观差别之大，仿佛不属于同一个现实。假如你去美国旅行，你可能偶遇阿拉斯加的冰川，也可能邂逅佛罗里达温热的洋流。同样地，如果你突然感到恐惧来袭，那么你面前也许确实摆着迫在眉睫的危险，但是也有可能只是徒劳的焦虑，除了缚住你的手脚，没有任何意义。有时候，喧嚣而混乱的情绪会把你紧紧地围住，让你难以抽身，无所适

结语

从……这时，就轮到我们出马了。我们随时待命，帮助你找到正确的方向。

在编写这本书的过程中，我们曾多次回想起一次无比迷茫和无助的经历。说实话，我们当时真的不知道下一步应该怎么走……我们正身处一个几乎完全陌生的国度，出行完全依赖导航。然而，不知怎么的，导航突然失灵了。我们只能愣在原地，不知道该走哪个方向。我们不会讲当地的语言，也没有办法试着在纸上写出我们想去的地方，因为当地人的字母表跟我们的完全不一样。简而言之，我们迷路了。幸运的是，几个小时后，导航又恢复正常了。虽然只是短短的几个小时，但是我们却切身体会到了那种任由外界摆布的无助感。在情绪的世界里，这样的事情也时有发生。我们会完全被情绪所控制，大脑像短路了，思考被切断，只能任由情绪摆布。学会管理和应对自己的情绪，需要的时候能及时向他人求助，这是你在本次的生命旅程中所能送给自己的最珍贵的"纪念品"。如果你已经意识到了这一点，说明你相当厉害；相反，如果你还将信将疑，我们建议你试着去弄清楚是什么让你如此害怕暴露自己的弱点。跟你信得过的人聊一聊，向他们寻求帮助，不要一个人默默地承受一切。

　　知识、技能和自我认知，是走好人生之路至关重要的三个发展维度。想要在一本书里集齐这三者并不容易，但是作为作者的我们，和作为读者的你，至少为此而做出了努力。书中那些在你看来适合你、能满足你的需求的内容，你可以汲取和珍视。如果你觉得有的内容对你来说并不适用，那么你只需要做一件事：按照你喜欢的方式，动手改写这些内容。通过这种方式，你才能真正成为自己想成为的样子。而这也是旅程最后我们所能给予你——在这段无比精彩的旅程中陪伴我们共同探索了一种又一种情绪的年轻旅行者——最美好的祝愿。

致　谢

　　衷心感谢我们的四个孩子，是他们让我们的生命之旅遍布五彩缤纷的情绪，是他们让我们体会到了为人父母的喜悦与奇妙。和所有的父母一样，我们的旅程中自然也少不了一些"痛苦的情绪"，但是这一切，没错，所有的一切，都值得去经历。无论是我们共同分享的过往，还是当下的所有，以及未来将要发生的一切，亲爱的雅格布、爱丽丝、彼得罗和卡特琳娜，能成为你们的生活教练，对我们来说真是太美好了。

　　感谢玛尔塔·马扎鼓励我们发起这个项目，并且全力以赴，满怀热情地一路跟进。感谢萨拉·迪罗萨素的热情参与，在这本书漫长的起草和修订过程中给予我们巨大的支持。感谢弗朗西斯卡·马祖拉纳为我们的书做了最后的润色。感谢彭伯里庞德出版设计工作室的斯特凡诺·莫罗、埃里卡·赞博尼、劳拉和路易莎，他们赋予了这本书别致的外观和精巧的结构，为读者提供了自由选择阅读路径的可能。感谢朱莉娅·杰拉西、瓦莱里娅·桑波利和玛丽娜·坎塔为本书做出的所有贡献。感谢虽然身在远方，却一直支持我们的伊戈尔·帕加尼。感谢格兰迪出版社的玛丽亚·克里斯蒂娜·格拉，感谢她的耐心和奉献精神，更感谢相处过程中她带给我们的友谊和快乐。

最后，感谢 CG 家庭娱乐电影制片公司，在挑选影片的过程中，一直为我们提供热情的帮助和专业的意见。

参考书目

Blake, William, Un albero venefico, in Canti dell'innocenza e dell'espe-rienza, traduzione di Gerald Parks, Edizioni Studio Tesi, Pordenone 1984.

Brodskaia, Nathalia, Edgar Degas, Parkstone International, New York 2012.

Coelho, Paulo, Il manoscritto ritrovato ad Accra, traduzione di Rita Desti, La nave di Teseo, Milano 2018.

Cristoforetti, Samantha, Diario di un'apprendista astronauta, La nave di Teseo, Milano 2018.

d'Annunzio, Gabriele, Canta la gioia, poesia aggiunta nel 1896 all'usci-ta della seconda edizione della raccolta di poesie Canto Novo (1882), in Versi d'amore e di gloria, vol. 1, Mondadori, Milano 1982.

Gibran, Kahlil, Sabbia e schiuma, a cura di Isabella Farinelli, Mondado-ri, Milano 1999.

Gibran, Kahlil, Tutte le poesie e i racconti, traduzioni di Tommaso Pisanti, Paolo E. Ribotta, Simonetta Traversetti, Franco Paris, Giampiero Cara, El-vira Cuomo, Francesca Ciullini, Newton Compton, Roma 2011.

Gozzi, Paolo, Piloti super atleti: come si preparano e quanto consumano (www.corsedimoto.com).

Grigurcu, Gheorghe, Antologia dell'aforisma romeno

contemporaneo, a cura di Fabrizio Caramagna, Genesi Editrice, Torino 2013.

Hesse, Hermann, Opere scelte, vol. 5, traduzione di Italo Alighiero Chiu-sano, Mondadori, Milano 1961.

Leopardi, Giacomo, Il sabato del villaggio, in Canti, Mondadori, Milano 2018.

Munch, Edvard, Frammenti sull'arte, a cura di Marco Alessandrini, Abscon-dita, Milano 2007.

Neruda, Pablo, Ode al giorno felice, in Poesie di una vita, traduzione di Ro-berta Bovaia, Guanda, Parma 2008.

Osho Rajneesh, I segreti della gioia, traduzione di gagan Daniele Pietrini, edizione italiana a cura di swami Anand Videha, Bompiani, Milano 2005.

Peirce, Charles Sanders, Scritti scelti, a cura di Giovanni Maddalena, UTET, Torino 2005.

Pratolini, Vasco, La costanza della ragione, BUR, Milano 2013.

Rilke, Rainer Maria, Poesie, a cura di Giuliano Baioni, commento di An-dreina Lavagetto, Einaudi, Torino 1994.

Russell, Helen, Atlante della felicità. Tutti i segreti del mondo per essere felici, traduzione di Valeria Raimondi, ©2018 Mondadori Libri S.p.A. per Sperling & Kupfer.

Sun Tzu, L'arte della guerra, traduzione dall'inglese di Monica Rossi, Mondadori, Milano 2018.

Tognolini, Bruno, Rime di rabbia, Salani, Milano 2010.

Twenge, Jean, Iperconnessi, traduzione di Ortensia Scilla Teobaldi, Einaudi, Torino 2018.

Definizione di "gioia" a p. 210, Grandi Dizionari Garzanti.